反原発か、増原発か、脱原発か

日本のエネルギー問題の解決に向けて

稲場秀明

大学教育出版

まえがき

2011年3月11日の東日本大震災とそれに伴って起きた東京電力福島第一原発の事故は、日本人にとって忘れることのできない悲惨な出来事となった。

フクシマ事故について考えてみたときに、「世界に誇る日本の科学技術があるのに、原発においてなぜ初歩的な安全上のミスを重ねたのか」という疑問がある。それに対する一つの答えが、原発の推進派における「原子力ムラ」の形成にあったと考えられる。そこには、他の価値観が入ることなく、科学的な合理性すら発揮されることがなく、むしろ「安全神話」を信じ込む「ムラの不合理」がまかり通っていたと思われる。もう一つは、推進派と反対派との間に不毛な対立があったことが挙げられると思う。一部の反原発活動家たちが「少しでも原発に不利な材料」を集めようとするので、推進側はひたすらそれを隠そうとした。そして、反原発活動家たちが、正しくも、原発の問題点を厳しく指摘し、推進側を追求すればするほど、推進側は隠蔽体質をますます強固に作っていったと考えられる。そして、推進側は肝心の原発の安全性の向上に取り組むよりも、反原発運動対策に走ったと考えられる。

フクシマ事故の被災者の人たちは、自分たちの責任はまったくないのに、避難生活を余儀なくされ、いつ住み慣れた家に帰れるのかあてもなく、生活の基盤を奪われてしまった。放射能による風評被害も大きな問題である。今まで原発の是非について考えてもみなかった多くの日本人は、フクシマの人たちの様子を知り、自分たちの身に及ぶ可能性があることを思い「原発は嫌だ」という気持ちになった人も少なくないと考えられる。その結果、原発に反対の人が大きく増えた。一方、原発をすべて廃止すると、電力が逼迫することによる停電の危機、経済に対するダメージ、化石燃料の大量購入による電気料金の値上げ、環境問題や雇用問題への悪影響などを懸念する人が多いのも事実である。

このように、原発問題は国論を大きく分ける問題になってきた。原発に関する議論は原子力の専門家だけに任せておけば良い問題ではない。従来、そうしてきた結果が今回の事故を招いたとも言えると思う。ごく普通の人が、自分の意見を持ち議論に参加することを通して、原発問題に関して正しい方向性を出せると思う。原発について素人だと自分では思っている人であっても、一方の意見だけを見聞きして自分の考え方を決めるのではなくて、反対の意見にも耳を傾けた上で自分の考え方を決めて欲しいものである。また、それが精神論だけでなく、具体的な事実に基づいて論理的に展開された内容であるかどうかを見極めることが望ましい。本書では、反原発から増原発までの意見とその根拠を提供することに努めた上で、筆者の意見を述べることとした。

各地の原発が停止し、日本社会はエネルギー問題に直面しつつある。エネルギー問題は環境問題と密接に関わりあっている。エネルギー問題と環境問題は、原発の扱いを含め多くの人の意見の分かれるところでもある。これらは科学技術的、経済・社会的問題まで広範囲な検討を要する問題である。本書では、エネルギー問題の解決法について当面なすべきことと、長期的に目指すべきことを分けて論じた。

フクシマ事故を反省し、今後の課題と展望を以下のように要約したいと思う。

第一は、日本の中にある「ムラ社会」の克服である。２０１２年9月に発足した原子力規制委員会と原子力規制庁の中のかなりの人が元「原子力ムラ」の住民であった。発足早々「ムラ社会」の克服が試される。「ムラ社会」は原子力分野にとどまらず、政界、官界、業界、学会など日本社会の至る所に巣くっている。各個人や団体は「原子力ムラ」の弊害を教訓に、それぞれが置かれた場所での「ムラ社会」克服の取り組みが求められる。

第二は、原発推進派と反対派の「告発・対決型」と言われる不毛な対立の克服である。このような対立は、原発に関してだけでなく、政治が絡んだ諸問題、例えば基地問題、公害や薬害の問題など至るところにある。これらの問題の解決は容易ではないが、一つの方向は、対決している当事者ではない第三者の関心を強く惹きつけるような運動の展開、より広い支持を獲得することにあるだろう。単なる双方の綱引きを超えた取り組みが求められる。そのような「したたかさ」を持った取り組みが日本社会に「しなやかさ」をもたらすと考えられる。

第三は、原発とエネルギー問題の中長期的な展望である。筆者は、原発の新規稼働を認めず、やがては原発をゼロにしなければならないと思う。その場合、節電の取り組みと再生可能エネルギーの急速な立ち上げが必要となる。２０１２年夏の節電については、全国で一定の成果を上げたと考えられるが、まだ十分とは言えない。さらなる節電が賢い方法でなされ、日本がエコカー、エコキュートなどを含め、世界一の省エネ国となることを期待したい。また、再生可能エネルギーの急速な立ち上げのためには、コストの低下が必須で、効率の改善、寿命の延長、立地の問題解決などを含めた技術開発や総合施策が必要である。そのためには、思い切った投資を行うことが必要である。２０１２年より再生可能エネルギーの固定価格買取制度がスタートした。これが呼び水になり再生可能エネルギー産業が21世紀の日本の基幹産業の一つとなることを期待したい。

筆者は「原子核工学科」に教員として在籍した経験のあるものとして、フクシマ事故は大きなショックであった。当時は、基礎研究に携わっていたので、原発については、勉強らしい勉強はしていなかった。しかし、フクシマ事故を受け、「自分にできることは何か」を考え、原発の問題について自分なりに勉強することにした。まずは、フクシマ事故後に出版された原発の問題に関する本を手当り次第に数冊読み、その中で筆者の関心を引いた本の要約と筆者の考え方を友人・知人にメールすることから始めた。友人・知人の方たちからは、反論、疑問、関連意見、感想などの返信メールや電話を頂いたので、範囲を広げて調べて考えた結果をまたメールで送信した。そういうことの繰り返しの中で、いつの間にかある程度まとまったものが出来上がった。

当初は本にしようという意図はまったくなかったが、まとまった段階で旧知の大学教育出版の佐藤守氏に問い合わせてみたところ、出版を快諾して頂いた。出版の機会を与えて下さった佐藤守氏に感謝したい。また筆者のメールに対して、好意的に反論、疑問、関連意見、感想などの返信メールや電話を頂いた平澤泠、朝倉祝治、北澤宏一、水崎純一郎、内藤壽夫、河村和廣、今村峯雄、冨樫隆輔、佐治金次郎、船橋敏彦、熊谷正宏の各氏に心からの感謝を述べさせて頂きたい。これらの方々の返信がなかったら、筆者の調査は途中で終わっていたであろうし、本書が世に出ることもなかったと思う。また大学教育出版の安田愛氏には編集を通して大変お世話になった。ここに感謝の意を表したい。

2012年11月

稲場秀明

反原発か、増原発か、脱原発か

――日本のエネルギー問題の解決に向けて――

目次

第1章 福島第一原発事故

1 福島第一原発事故の経緯

福島第一原発事故は、2011年3月11日に、マグニチュード9・0の東日本大震災によって起きた日本および世界における最大規模の原子力事故である。巨大地震と大津波が原因で炉心溶融および水素爆発が発生するまでに至り、原子炉容器が大きく損傷して放射能が大量に外へ漏れ出したのは、原子力発電史上初めてである。さらに、スリーマイル島事故もチェルノブイリ事故も、事故を起こしたのは1基のみであったが、フクシマにおいては、1〜4号機まで、4基の原子炉がほぼ同時に危機的な状況に陥ったのも原子力発電史上初めてである。その結果、国際原子力事象評価尺度のレベル7（深刻な事故）に相当する多量の放射性物質が外部に漏れ出た。

3月11日午後2時46分の東日本大震災によって、運転中の東京電力福島第一原発の1〜3号機は制御棒が自動的に挿入され緊急停止した。当時、東北、関東の太平洋沿岸では、東京電力福島第二原発の1～4号機、東北電力の女川原発の1～3号機、日本原電の東海第二原発も稼働していたが、いずれも地震の揺れで自動停止した。これらの原発は原子炉の冷却に成功している。しかし、福島第一原発では、原発に電力を供給していた東北電力の送電線の鉄塔が地震によって倒壊したために外部電源が失われた。直後に非常用ディーゼル発電機（交流電源）が起動し、炉内の冷却が始まった。このまま冷却が継続すれば大事故にはならないはずだった。ところが、午後3時40分頃に高さ14～15ｍの大津波が発電所を襲い、地下に設置されていた非常用ディーゼル発電機が海水に浸かってしまった。原子炉は停止していても炉内の温度が高いのでこれを冷却し続けないと核反応が継続し、その崩壊熱が発生する。電源が失われると、一次冷却系において水の循環を担っている復水器のポンプや、海水の循環を担っている海水取水用ポンプを起動することができなくなる。非常用ディーゼル発電機が止まってからも非常用バッテリーが炉内の冷却のための電気を供給していたが、その作動時間が1～3号機の間で異なっており、それが被害の程度を左右することになる。1号機では最も早く非常用バッテリーが失われ、原子炉内部への送水・冷却ができなくなり、原子炉の損傷が起こり、3月12日早朝に格納容器の圧力が異常に上昇した。そこで、格納容器の破壊を防ぐために、12日午前10時17分より格納容器内のガスを建屋の外に排出するベントと呼ばれる強制排気の措置が取られた。ところが、午後3時36分に突然水素爆発が発生し、建屋が吹き飛んだ。原因は燃料棒を収めている燃料被覆管のジルコニウムが高温の水蒸気と反応して水素が発生したためである。水素は酸素と混ざると爆発的に反応し水素爆発を起こす性質がある。やや遅れて2号機でも同様の事態が発生した。2号機では、冷却系は断続的ながら機能していたが、14日午後1時25分にそれが停止した。2号機の場合、冷却機能が失われる前の13日午前11時00分に格納容器内のガスを建屋の外に排出するベントと呼ばれる措置を実施し、14日午後4時34分に海水注入を開始していた。しかし、それらの措置にもかかわらず、15日午前6時14分に何らかの爆発で格納容器の下部にある圧力抑制室が破損した。原子力安全・保安院の報告によると、14日午後8時には炉心が損傷したと考えられている。3号機では、13日午前5時に冷却機能が失われた。13日午前8時41分にベントを実施し、13日午後1時12分に海水注入を開始し、14日午前5時20分にもベントを実施している。しかし、それらの措置にもかかわらず、14日午前11時1分に水素爆発が起きて原子炉建屋が損傷した。原子力安全・保安院の報告によると、13日午前8時頃には、炉心が露出し、13日午後11時頃に炉心が損傷し始めたとみられている。結局、1～3号機の原子炉内の圧力容器、格納容器、各配管などが損壊し、多量の放射性物質が外部に漏れ出た。4～6号機は定期検査のため運転休止中で、原子炉から使用済み燃料を取り出し、建屋内の貯蔵用プールに移してあった。5、6号機も津波の被害を受けたが、1～4号機に比べて約3m高台にあり比較的浸水が少なく、非常用の電源が何とか確保できて貯蔵用プールの冷却ができた。しかし、4号機では電源が失われ、冷却用プールにある燃料棒の過熱が起こり、3号機から漏れ出たと考えられる水素によって水素爆発が起き、建屋が大破した。

1～4号機を冷却するために、消防車などを使って原子炉建屋の上部から注水を試みたが、効果は限定的だった。東電は、通常の運転で使う冷却装置の復旧を目指したが、建屋地下にある放射能で汚染された大量の水を発見し、機器や配管などの修理ができないことが分かった。このため、原子炉格納容器を丸ごと水で満たして冷やす方法に転換したが、格納容器の破損によるとみられる水漏れが確認されたのでこれも断念した。最後の手段は、原子炉を冷やした後に漏れ出る汚染水を浄化して原子炉に戻す「循環注水冷却」だった。このシステムは、浄化装置やタンクをホースでつないだ4㎞にもなる設備で、水漏れや故障も頻繁に起こった。それでも、なんとか1～3号機の圧力容器の底の温度計が100℃以下になったのは9月末だった。

2　原子力発電の原理と仕組み

日本の原発は、火力発電と同じ原理で水を加熱して水蒸気を発生させ、その水蒸気でタービンを回して発電されている。火力発電では熱源に石炭、石油、天然ガス（ＬＮＧ）などの化石燃料を使うのに対し、原発では核燃料（酸化ウラン）を使う点が違うだけである。天然に存在するウランには、核分裂をするウラン235（質量数）が約0・7％含まれ、残りは核分裂をしないウラン238（質量数）である。原発の核燃料に用いられるウラン燃料は、核分裂をするウラン235の割合を3～4・5％にまで濃縮している。そうしないと核反応が継続して起こらないからである。核分裂とは、ある

1個の原子が2個の原子に分裂するプロセスである。より正確には、分裂可能な1個の原子が1個の中性子を取り込むと、2個の原子に分裂すると同時に2個または3個（平均2・5個）の中性子を放出し、膨大な熱エネルギーを放出する。放出された平均2・5個の中性子が分裂可能な原子に衝突することで核分裂反応が継続して起こる。反応が継続して起こることを連鎖反応と呼び、核分裂の連鎖反応が起こっている状態を臨界状態と呼ぶ。核分裂反応の例を二つ挙げる。一つは、ウラン235が外から飛び込んできた1個の中性子（n）を取り込み、ストロンチウム90とキセノン144の原子に分裂し、2個の中性子を放出する場合で、①式に示す。もう一つは、ウラン235が1個の中性子（n）を取り込み、バリウム139とクリプトン94の原子に分裂し、3個の中性子を放出する場合で、②式に示す。①、②式において、右辺、左辺共に質量数が236と同数である（中性子は質量数1）。

① $^{235}U + n \rightarrow {}^{90}Sr + {}^{144}Xe + 2n$

② $^{235}U + n \rightarrow {}^{139}Ba + {}^{94}Kr + 3n$

これら以外にもいろいろな種類の核反応が起こり、様々な核種が生成する。放射能の観点から特に問題となる核種は、ヨウ素131とセシウム137である。

また、これらの核分裂反応の結果生成する中性子が核燃料中に95％以上含まれるウラン238に衝突すると、ウラン239を生成し（③式に示す）、ウラン239がβ崩壊（中性子が陽子と電子に変換するので原子番号が1つ増える）してネプツニウム239に、ネプツニウム239がさらにβ崩壊してプルトニウム239に変わる（④式に示す）。

③　$^{238}U + n \rightarrow {}^{239}U$

④　$^{239}U \xrightarrow{\beta崩壊} {}^{239}Np \xrightarrow{\beta崩壊} {}^{239}Pu$

こうして生成されたプルトニウム２３９は、核分裂の連鎖反応を起こして熱エネルギーを生成する。したがって、ウラン燃料を用いる原発においてもウラン２３５の核分裂だけでなく、プルトニウム２３９の核分裂を通じて発電を行っていることになる。原発による発電量の約3割はプルトニウム２３９の核分裂による。後述するプルサーマル発電では、ＭＯＸ燃料中のプルトニウムの含有量は４～９％で、燃料中のＭＯＸ燃料の比率を１／３とすれば、発電量に占めるプルトニウム２３９の核分裂の寄与率は5割強になる。

原発では、ウラン燃料に中性子を当てて核分裂を起こした時に発生する熱で、水蒸気を発生させタービンを回し発電する。日本の原発のほとんどが沸騰水型（ＢＷＲ）か加圧水型（ＰＷＲ）で、いずれも軽水つまり普通の水を使っているので軽水炉と呼ばれている。沸騰水型の場合は、蒸気発生器は不要だが放射能を帯びた水がタービンを回すことになり、管理が大変だと言える。加圧水型の場合は、安全性は高いが蒸気発生器が破損しやすい問題点がある。水は、炉心を冷却する作用と中性子を減速する作用（核分裂を促す作用）とを持っている。このうち中性子を減速する作用は、核反応が継続して起こるようにする役目をしている。すなわち、核分裂を起こした時に発生する中性子は速度が速すぎてまばらにしか存在しない核分裂性のウラン２３５に出合う確率が少なく、核反応が継続しないので、これを水で減速して中性子がウラン235に衝突する確率を高め、核反応が継続して起こるようにしている。

事故を起こした福島第一原発は、沸騰水型（BWR）であるが、沸騰する水の温度は100℃ではなく、70気圧程度に加圧されているので280℃程度である。このように高い沸点の加圧水を使う理由は、核分裂によって生ずる熱エネルギーが膨大なため水が瞬時に蒸発するのを防ぐ意味と熱エネルギーを有効に利用する意味とがある。

原子炉の出力制御のためには原子炉内の中性子数を調整して反応度を制御する。停止状態の原子炉には中性子を吸収する制御棒が挿入されており、核分裂反応に伴う中性子を吸収して臨界状態にならないようにしている。原子炉の起動時は、制御棒を徐々に引き抜くことで炉内の中性子数を増加させ、臨界から定格出力になるまで反応度を上げて行く。緊急時には制御棒は全て挿入され、原子炉を停止させる。

沸騰水型原子炉の仕組みを図1に示す。ウラン燃料は棒状で燃料棒と呼ばれているが、燃料棒はジルコニウム合金製の被覆管に収められ、それが60本程度束ねられたものが燃料集合体である。原子炉の中核には圧力容器と呼ばれる鋼鉄製の器があり、その中心は炉心と呼ばれている。炉心には、数百の燃料集合体が垂直方向に横から支える形で置かれている。数百の燃料集合体は圧力容器の中で全体がすっぽりと水に浸かっている。原子炉が運転中の時は、核分裂によって生成した熱によって燃料集合体と接する水が沸騰する。圧力容器は、注水口と蒸気口と呼ばれる二つの管でタービンと結ばれている。注水口からは圧力容器に280℃よりやや低い温度の温水が注がれ、蒸気口からは圧力容器に280℃よりやや高い温度の蒸気がタービンに送られる。タービンを回転させて発電させた蒸気は、復水器と呼ばれる器で大量の海水によって冷やされ温水に戻る。このように冷やされた280℃よりやや低い温水は、ポンプによって注水口から再び炉心に送られる。すなわち、一定量の水が注水口と蒸気口を通して炉心を通過しながら循環している。こうした水の循環を冷却系または一次冷却系と呼ばれている。

圧力容器を保護するため、圧力容器は鉄筋コンクリート製の格納容器の中に収まっている。格納容器下部には圧力抑制プールがあり、水が入っている。格納容器は原子炉建屋の中に入っている。原子炉建屋の中には、非常時に一次冷却系が機能しなくなった場合に炉心を冷却するため、圧力抑制プールの水や外部給水経路の水を圧力容器内に水を送り込むための非常用炉

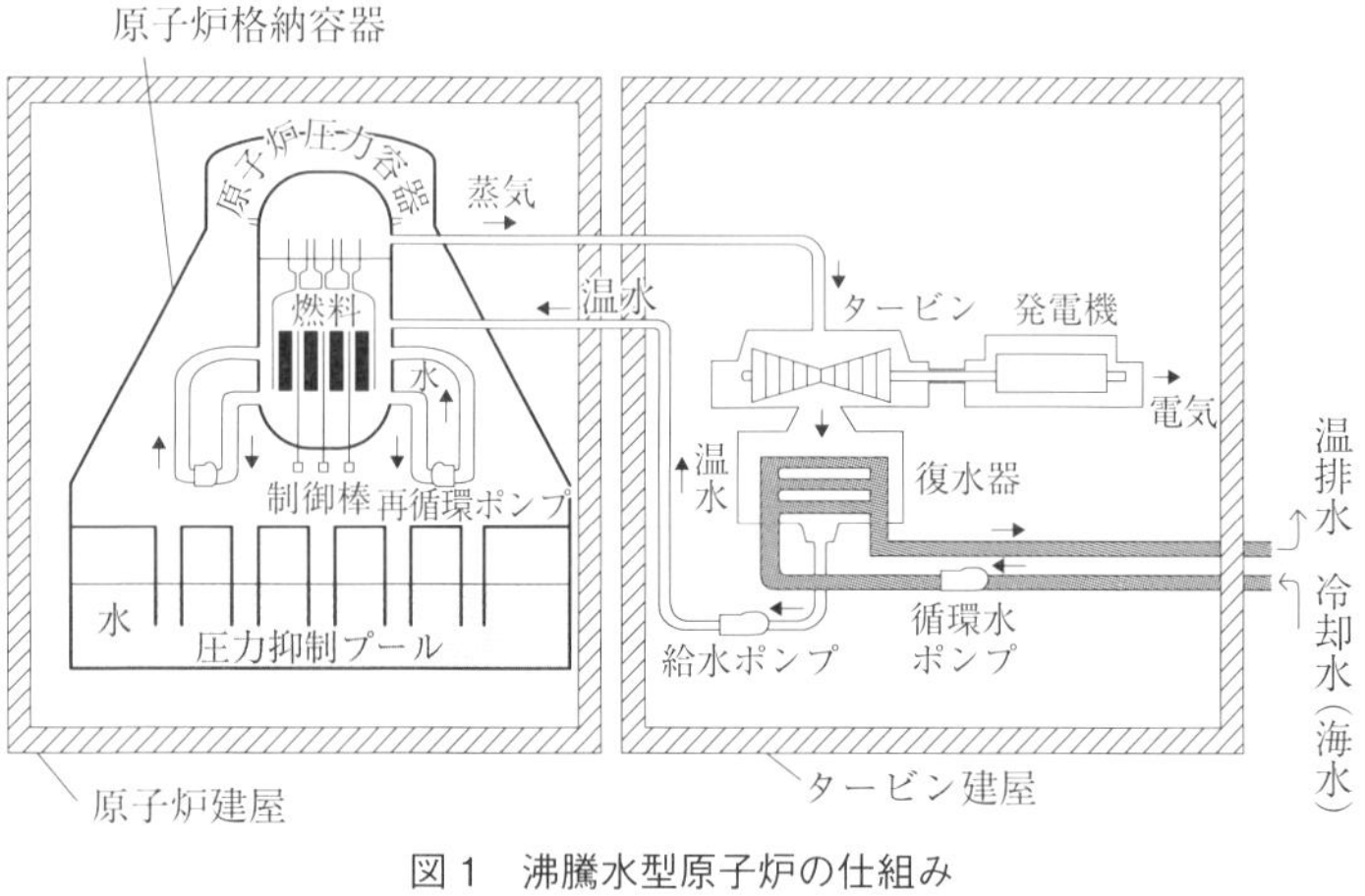

図１　沸騰水型原子炉の仕組み
出典：原子力安全協会 HP を改変

心冷却システムがある。

3　事故対応の問題点

福島第一原発事故では、地震と大津波によって全電源喪失という深刻な事態を招いたが、そういう事態をまったく想定していなかったためにマニュアルもなく、その後の対応も泥縄的で混乱していたと考えられる。

まず第1は、格納容器内のガスを建屋の外に排出するベント（排気の意味）と呼ばれる措置がもっと早く取れなかったのかということである。１号機では、12日午前10時17分、２号機の場合13日午前11時、３号機では、13日午前8時41分にベントを実施している。１９７８年のスリーマイル島事故後、水素ベント装置の改善が勧告されていて、福島第一原発でも２００１年までにベント装置を設置していた。ところが、ベント装置のマニュアルができていなかったために、また電源を喪失したために弁の操作を手動に頼らざるを得ず、ベントに手間取ってしまった。その結果水素爆発を引き起こしてしまった。ベント装置のマニュアルの準備とベントの操作を遠隔で行う設定がなされていれば、もう少し早くベントの措置が取られていたであろうし、そうすれば爆発による損傷は防げたはずである。さらに、ベントの措置を取るということは、高い放射能を持ったガスを外部に放出することを意味する。日本の原発のベントにはフィルターが付いていなかったが、フィルターが付いていていて放出する放射性物質の量を1／100程度にできることが分かっておれば、より早い段階でのベントの決断ができたかもしれない。そもそも東京電力の現場も原子力安全・保安院も普段からベントの必要性を感じていなかったと考えられる。

第2に、海水の注入の遅れである。冷却のため海水が注入されたのは、地震発生から約29時間後である。海水の注入に関して、現場（所長）、東京電力本店、政府（官邸）のいずれの責任で行うのか混乱していたように思われる。海水の注入によってその原発は廃炉にならざるを得ないが、東京電力がもっと早い段階で決断を下すべきであった。さらに、どの段階で政府の責任でやらせるのかについて意思疎通ができなかったために実施が遅れてしまったと考えられる。海水の注入がもっと早い段階で行われておれば、特に2、3号機で損傷の程度が軽く済んだ可能性が高いと考えられる。

第3に、移動用電源と移動用ポンプ車の到着がなぜあんなに遅れ、結局は使い物にならなかったということである。もし、全電源喪失を想定したマニュアルがあれば、真っ先にそれを優先して手配しているはずであった。69台もの電源車が3月11日夜に出動し、一部が現地に到着したが、接続プラグが合わなかったり電圧が合わなかったりして結局は使い物にならなかった。2012年2月28日に発表された福島原発事故独立検証委員会（民間事故調）の報告によると、官邸は東京電力や原子力安全・保安院の対応に強い不信感を抱き、2011年3月11日夜に、官邸あるいは菅首相自らが電源車やバッテリーの手配をしようとしたという。これは、東京電力や原子力安全・保安院の当事者能力が著しく欠如していた状態を表すものと言えよう。

第4に、菅首相が12日朝、班目原子力安全委員長とともに、現地を視察したことも大きな判断ミスであった。最も大事な時間帯に4時間半が空費されてしまった。これには、後に述べる現場、東京電力本店、官邸との間の情報のギャップが関係していると思われる。首相は正確な情報が入らないことに業を煮やして視察に及んだようである。しかし、非常時における最高指揮官として官邸に留まって指揮に当たるべきであった。民間事故調の報告でも官邸の初動対応が「場当たり的で泥縄的な危機管理だった」と指摘し、当時の菅首相ら官邸主導の介入による混乱が事態を悪化させていたことを浮き彫りにした。２０１２年7月5日に発表された国会事故調査委員会報告（国会事故調）でも官邸の過剰介入を批判している。

第5に、現場作業員と所長、所長と東京電力本店、東京電力本店と官邸との間に情報のギャップがあって、現場の状況を官邸が把握するまでに非常に長い時間を要したことが挙げられる。それだけ現場、東電本店、官邸も混乱していたのだと言えようが、そのことが結果として対応の遅れに繋がった。

また、東京電力の清水社長が２０１１年3月14日深夜から15日未明にかけて、福島第一原発から作業員を撤退させたいとの申し出を官邸側にしていたことが民間事故調の報告で明らかになった。この申し出は、菅首相によって退けられたらしいが、東京電力が原発事故処理に関して腰の引けた対応であったことが改めて明確になったといえよう。次節で述べるように、重大事故を想定した安全管理体制ができていなかったことが大きな問題点として指摘できる。

さらに、外国への事故情報の伝達の仕方も大きな問題であった。事故の発生のニュースは直ちにアメリカ側に伝えられた。アメリカは当初事故を起こした原発がアメリカ製だったこともあり、日本に対してあらゆる支援を惜しまないという意思を日本側に伝えていた。しかし、日本側には国際社会に対して事故を起こした原発に関する情報を発信する体制がまったくできていなかった。それで、アメリカは公式なルートで情報を得ることを諦め、独自のルートで情報を得ようとした。その結果、万一のことを考えて自国民に80㎞圏外に避難することを指示した。さらに、フランスが在日フランス人に対して関東地方からの退避勧告を出した。これらのことが日本の国内に事態がそれほど悪化しているのだろうかという疑惑を引き起こしたことはいうまでもない。他の外国人も日本の原発が危険な状態にあることを想像したのも無理はない。中には、日本全体が放射能によって汚染されているといった噂まで出てくる始末であった。事実、筆者の千葉大学時代の研究室を卒業した中国人留学生からメールが来て、「中国の私のところに避難しませんか」と言ってきた。そのような噂が、日本製の食品などへの風評被害が根強くあることの背景にもなっている。日本の官邸が事故に泥縄的に対応していた時期だけに国際社会に情報発信する余裕がなかったとも言えようが、あまりにもお粗末である。さらに、高濃度汚染水を処理するために、やむを得ず低濃度汚染水を海に流したが、これまた漁業関係者や近隣諸国への事前通報がなされず、日本政府ひいては日本のイメージを著しく損ねた。

4　福島第一原発の事故はなぜ起きたのか

福島第一原発の事故は巨大地震と大津波という自然災害がその発端となっているが、そういう事態が想定できたにも関わらず、何ら有効な対策を実施してこなかった政府、規制当局、東京電力による人災であると言える。

(1) 地震と津波を過小評価

三陸から房総にかけて過去6000年間に紀元前4～3世紀頃、4～5世紀頃、869年の貞観地震、15世紀頃、1611年の慶長地震、1896年の明治三陸地震、1933年の昭和三陸地震、と過去7回マグニチュード8規模程度の地震と津波が起こったと推定されている。特に、貞観地震はマグニチュード8・3以上の海溝型地震で、大津波が宮城県、福島県、茨城県北部を襲い、内陸部に3～4㎞も入り込んだとされている。それが地質学的な調査で確認されたのが1990年であったという。そういう研究・調査があるにもかかわらず地震と津波に対する備えを怠ったことが今回の大事故の原因の一つである。例えば、非常用電源を高台に移すだけで、このような大事故は防げたはずである。地震国日本における原発は、地震と津波に対する備えを十分にするという当たり前のことができていなかった。むしろ、原子力安全委員会は津波に対する安全基準を作ってこなかったし、「長期間の電源喪失は、送電線の復旧または非常用電源装置の修復が期待できるので考慮する必要はない」というお墨付きすら与えていた。さらに、そのお墨付きが電力業界の要望でなされていたという。電力業界、原子力安全委員会および原子力安全・保安院の責任は重い。

(2) 原発の設計および運営上の問題点

福島第一原発は、1960年代にアメリカのGE（ジェネラルエレクトリック）社が設計し、1970年代に運転が開始された。このうち1号炉はGEが製造、2～6号炉は東芝と日立が製造したが、設計はGEのコピーである。問題の1～4号炉はSTART I型と呼ばれる古い型のもので、事故の想定に関する見方が甘いことがGE内部でも指摘されていた。さらに、アメリカでは、原発は地震のほとんど起きない東海岸から中部に集中している。アメリカでの原発の設計が大地震を想定したものでないことが原因の一つと考えられる。地下に非常用発電機を置いたのは、竜巻やハリケーンを想定したアメリカ式設計をそのまま採用したためであった。そのために、津波の被害にあって全電源喪失という事態を招いた。

また、原発の設計・製作がアメリカの技術に拠ったため、日本側での保守・管理技術が十分ではなく、大事故への対応に不備があったと考えられる。さらに、欧州などでは運転開始から30年経てば廃炉の目安とされているが、1～4号機が30～40年経過しているにもかかわらず原子力安全・保安院から一部の号機に稼働の許可が与えられていた。30年経過した時点で、安全チェックをもっと厳しく行っておればこのような大事故は防げたはずである。

（３）原発に対する安全神話

軽水炉では、核燃料は粉末状の酸化ウランが核分裂の際に生ずる放射性物質が外部に漏れ出さないように、高温でペレット状に焼き固められてセラミックスの燃料棒（第１の壁）になっており、燃料棒はジルコニウム合金製の燃料被覆管（第２の壁）に収められ、その集合体が原子炉圧力容器（第３の壁）の中ですっぽりと水に浸っている。原子炉圧力容器は、原子炉格納容器（第４の壁）と原子炉建屋（第５の壁）の中に収められている。放射性物質は、いわば５重の壁で閉じ込められていると言われている。さらに、地震発生などの緊急時には、制御棒が働いて原子炉を自動的に停止する装置がある。原子炉は、緊急停止した後も継続して冷却し続ける必要があるが、何らかの原因で電源が失われた場合は、非常用のディーゼル発電機が働いて冷却が可能であるように設計されている。事後の「止める」「冷やす」「閉じ込める」の発想である。これらは、いわゆる多重防護の思想で、これがあるから原発は安全であると言われてきた。さらに、２００４年８月に関西電力美浜発電所３号機の２次冷却系の配管から蒸気が発生して５人の作業員が火傷などで死亡する事故を起こしているが、その際は外部への放射漏れがなかった。外部への放射漏れがあり、かつ人命に関わる事故が長い原発の歴史の中で発生しなかった実績を過信したことも大きい。

これらの安全性の主張は経済産業省、産業界、電力会社、学会などが一体となって、いわゆる原子力ムラを形成し、なされてきたもので、反原発運動などの外部の意見は取り入れられる余地がなく、いわば仲間内だけの論理で「安全神話」が形成されていった。日本では、「原発推進」対「原発反対」の対立が固定化されていて、生産的な議論を阻んできたことは大きな問題であった。推進側は肝心の原発の安全性の向上に取り組むよりも反原発運動対策に走ったのである。民間事故調の報告によれば、推進側では、「住民に対して安全と言っているのだから安全のための対策を取ることは自己矛盾である」として安全のための提案すらできない雰囲気ができ上がっていった。

多重防護の思想はそれなりに妥当性があるが、人間が能動的に関与して、例えば「非常時に原子炉の冷却をするために電源を使ってモーターを回して冷却水を送る」などのことをしなければならないところに問題点がある。電源がすべて失われるなど「想定外」のことが起こると、モーターを回すことができず、冷却水が送れなくなったので、多重防護壁になるはずだった、燃料棒が融け、燃料被覆管が熔融・破損し、圧力容器、格納容器が大きく損傷し、原子炉建屋が吹き飛んでしまう事故に発展したのである。「想定外」のことが起こる非常時の際に、人間が能動的に関与しなくても自然に事故が収束するような設計の原子炉が望ましい。後述するトリウム炉のような原子炉ではそのような方式になっている。

（4）原発を管理する現場の安全意識の欠如

日本の原発の事業者は各電力会社だが、建設および実務部門は東芝、日立、三菱重工などの下請けが担当し、さらにその下請けがたくさん存在し、末端の業務をやっている責任を誰がとるかが曖昧である。原発を管理する組織形態が曖昧な場合に、安全管理がうまく機能するはずがない。原発を管理する電力会社の現場責任者が原発の隅々までを熟知し、問題点を把握していないと安全管理がうまく機能しないものである。ましてや、「安全神話」による企業風土の下では、事故を想定した安全管理が十分に行われたとは考えにくい。また、電源喪失という最悪の場合を想定したマニュアルがなかったことも大きな問題であった。

筆者は、大手鉄鋼会社の研究所に11年間勤務したが、安全管理が製造現場はもちろん研究所の隅々にまで徹底していた。毎月各部署ごとに安全会議が開かれ、安全活動報告、事故例の報告、所属長の安全訓話などが入念になされていた。社内で人と出会ったときの挨拶の言葉が朝・昼・夜を問わず「ご安全に」であった。例え小さくても、事故を起こした部署はしばらく仕事が手につかないほど大変な後始末をさせられる。どこかで死亡事故でもあろうものなら、社長が血相変えて現場に駆けつけるという状況であった。

同じ大型プラントを擁し、非常に危険な要素を抱える原発も同様な体制が必要であると思われるが、そのような体制が構築されていたとは到底思えない。安全管理体制をきちんと整備するということは、経営トップの重要な責務である。ましてや、民間事故調の報告によると、事故が最悪の状態にあるときに、経営トップが「作業員を撤退させたい」との申し出を官邸側にしていたことが明らかになった。これは責任回避に他ならない。

（5）日本の安全規制の形骸化

日本の原子力行政の問題点は、原子力安全委員会や原子力安全・保安院が十分な独立性を持っておらず、安全規制が形骸化していたことである。原子力安全委員会は１９７４年の原子力船「むつ」の放射線漏れ事故をきっかけに、アメリカのＮＲＣ（原子力規制委員会）をまねて原子力委員会から分離独立して発足した。しかし、原子力安全委員会は、ＮＲＣと違って、その事務局は、科学技術庁（２００１年に省庁再編後、経済産業省）の原子力安全局原子力安全課にあり、専従の担当者がいるわけではなく、十分な独立性を持っていなかった。省庁再編後は、安全規制は経済産業省内に設置された原子力安全・保安院が担当することになった。一方、原子力安全委員会は、安全審査の指針作りなどを担当し、また原子力安全・保安院が原発の安全性を確認した後ダブルチェックする建前になっている。原子力安全委員会と原子力安全・保安院という日本の規制当局とアメリカのＮＲＣとの権限、予算、人員などの差は極めて大きい。原子力安全委員会は諮問機関で、許認可権を持っていないのに対し、ＮＲＣは文字通り規制の権限がある。フクシマ事故前から、ＩＡＥＡが原子力安全委員会と原子力安全・保安院を独立させるように勧告していたが、政府はそれを事実上黙殺してきた。その背景には、政府が２０３０年までに原子力発電の割合を50％以上とするエネルギー基本計画を策定し、原発の増設計画を立てていたことが挙げられる。原発の増設を実現するためには、原発立地住民の了解を取り付ける必要がある。そのために、電源三法交付金によって立地住民を懐柔するとともに、安全性を強調する必要があったといえる。ここで、経済産業省の中に原子力安全・保安院があったことが問題となる。原発を推進しようとする役所の中に原発を規制しなければならない原子力安全・保安院がどこまで原発の安全性についてチェック機能を果たせるだろうか？　ましてや、原子力安全・保安院のメンバーは、経済産業省の他の部署、産業界、電力会社、学会などが一体となった「原子力ムラ」の住民と近く、安全神話を信じやすい環境に置かれていたと言えよう。さらに、国会事故調の報告によれば、規制する側と規制される側の立場が逆転し、規制する側は東京電力の「虜」になっていたという。東京電力の経営陣や幹部は、原発の安全対策を十分行うことなしに規制側を自由に操作していたわけで、その結果住民の犠牲を伴う重大事故を起こしたことに犯罪に近いものを感ずる。原子力安全・保安院が、テロによる原発の全電源喪失に備えてアメリカで義務化されていた対策を２００８年まで研究していたにもかかわらず、電力会社などに伝えず、活用していないことが分かった。これを現実的な危機と考えず、想定外としていたためである。この対策がとられていれば、フクシマ事故の被害の拡大を防げていた可能性があると、東電や政府関係者が指摘している。さらに、民間事故調の報告によると、事故発生当時に官邸側が原子力安全・保安院に対して強い不信感を抱いたという。これは、原子力安全・保安院に原子力の安全に関するプロがほとんどいなかったということを示しているように思われる。事実、民間事故調の報告からも原子力安全・保安院が事故処理に関して目立った動きをした兆候がうかがえない。原子力安全委員会のチェック機能についても同様のことが言えるのではなかろうか。原子力安全委員長の班目氏が菅首相とヘリコプターに同乗したときに、菅首相から「水素爆発は起きますか？」という質問を受けたときに、「起きません」と答えたということが、民間事故調の報告で明らかになった。その後しばらくして水素爆発が発生しているので、「何のための原子力安全委員会か」と言いたくなる。そういうチェック機能の甘い体制が安全規制の形骸化をもたらし、フクシマ事故の原因の一つの要素になったといえよう。

原子力安全委員会の独立性の確保と原子力安全・保安院の経済産業省からの分離が本格的に議論されるようになったのはフクシマ事故後である。これは、単なる官庁の機構改革で終わらせるのではなく、「原子力ムラの住民ではない原子力安全のプロによって原子力安全のチェックがなされる」体制にしないと意味がない。

5　福島第一原発の事故による放射線の影響

(1)　避難指示の出し方

福島第一原発事故によって、大量の放射能が外部に漏れ出た。政府の住民への避難指示の出し方に大きな問題があった。3月11日に「半径3㎞以内の住民に避難命令、半径3～10㎞の住民に自宅待機」を指示したが、12日には避難指示の範囲を20㎞圏に、15日には避難指示の範囲を30㎞圏に拡大せざるを得なかった。このような失策の背景には、日本の原発事故防災指針では、以前にＪＣＯの事故があったにもかかわらず、半径８～10㎞までの避難範囲しか想定していなかったことが挙げられる。また、ＩＡＥＡ（国際原子力機関）の半径５～30㎞までの避難範囲設定の提案を無視した責任は重い。また、避難指示を出すに当たり、「原発事故がどの程度であり、避難がどの程度の期間に及ぶか」の情報の開示がなされなかったために、住民が必要な所持品の準備や心の備えすらできなかった。

さらに、放射能による汚染範囲は同心円状に広がるわけではなく、風向きなど気象条件によって汚染範囲が大きく異なる。実際、原発のある地点から北西方向に高濃度の汚染が広がり、20㎞圏外にある飯舘村は原発20㎞圏内と同程度の汚染地区となった。中には原発から離れればよいということで、わざわざ高汚染地区に逃げた住民もいたという。政府は、１００億円以上をかけて開発した放射性物質の拡散を予測する緊急時迅速放射能影響予測ネットワークシステム（ＳＰＥＥＤＩ）の公表をためらったために、一部地域の放射能汚染を大きくした。というよりＳＰＥＥＤＩの公表を誰がどういう基準でもって行うかという規定がなかったらしく、省庁間で責任のたらい回しがなされた可能性が強い。民間事故調の報告によると、経済産業大臣も官邸もその存在自体を知らなかったらしい。官邸にはファックスでＳＰＥＥＤＩのデータが届いていたらしいが、それがどういうわけか官邸の要人の元には届いていなかった。ＳＰＥＥＤＩのデータ２０００枚以上のうち２枚が公表されたのが３月23日、全面的に公表されたのが５月３日以降である。さらに、３月17～19日にアメリカのエネルギー省が米軍機で放射能を測定していたことが明らかになった。アメリカ側が実測に基づく詳細な汚染地図をアメリカ大使館経由で経済産業省に提供していたのに、これを公表していなかった。アメリカ側のデータは原子力安全・保安院や文部科学省にも伝えられたが、官邸には伝えられなかったようだ。汚染地図のデータはSPEEDIの予測データとほとんど一致していたようである。早期に公表し、早めの避難指示とヨウ素剤の配布を行っていたら、浪江町や飯舘村など、高汚染地域の住民の無用な被曝（特に、子どもの甲状腺の異常の懸念）を避けられた可能性が高い。ヨウ素剤は福島県や県内の市町村で十分な備蓄をしていたが、これを活用しなかった。福島県の責任もあるが、政府などが情報をしっかり伝達しなかった責任はさらに重い。特に、原子力安全委員会、原子力安全・保安院やSPEEDIを所管する文部科学省の責任が問われる。

(2) 放射線の被曝による人体への影響

放射線の被曝による人体への影響について、政府の発表と住民の受け取り方には大きな落差があり、人びとの間に不安が広がっている。放射線にはα線、β線、γ線、X線などがある。このうち、α線はヘリウムの粒子線で、β線は電子線である。γ線とX線はともに電磁波であるが、γ線の方は原子核の崩壊に伴って出てくるのに対して、X線は原子を構成する電子が励起されることによって出てくる。γ線はX線より波長が短い（エネルギーが大きい）。α線は紙1枚でも十分弱まり、β線は薄いアルミニウムの板でも十分弱まるが、γ線は厚い鉄や鉛の板でないと通過してしまう。原発の事故で話題になった放射性ヨウ素（半減期：8・06日）や放射性セシウム（半減期：30・1年）はいずれもβ線とγ線を放出する。原発の事故後、初めは、半減期の短い放射性ヨウ素が問題となったが、その後は半減期の長い放射性セシウムが中心的な問題となっている。放射線の単位としてよく使われるのがベクレル（Bq）とシーベルト（Sv）である。Bqは１秒間に原子核が崩壊する数を表す単位で、Svは放射線によって生物にどれだけ影響があるかを表す単位である。

国際放射線防護委員会（ＩＣＲＰ）は、平常時に一般の人が1年間の許容放射線量は１mSv（ミリシーベルト、１mSvは１Svの１／１０００）で、原発の作業員やX線を取り扱う技師や医師の許容放射線量を50mSv、緊急事故後の復旧時は一般の人で1～20mSvと定めている。今回の事故で政府は「１００mSv以下では健康に直ちに影響はない」と繰り返した。その後政府は年間20mSv以上被曝する恐れのある地域を計画的避難の対象にした。それで、人びとは１００mSv以下で直ちに影響はないということは将来癌などで死亡することがあり得るということか、また１００mSv以下なら安全で20mSv以上で危険というのはどういうことかと疑問が広まった。これは、一般の人びとの間に放射線に関する知識がなく、また政府の公表する基準に対して信頼がないために、人びとの間では放射線に対する必要以上の不安が広がっているように見え、風評被害も広がりを見せている。

（3）自然放射線と人工的な放射線による被曝

自然放射線を含めた放射線被曝の影響について考えてみたい。自然放射線は、主として宇宙から飛来する放射線と地殻中の自然放射性核種からの放射線に由来している。太陽などでは核反応が盛んに起こっており、宇宙からの放射線の原因となっている。地球の大気圏では、空気が存在するために宇宙から飛来する放射線が弱められるが、高度が高くなると宇宙からの放射線は１５００ｍごとに約２倍になる。成田～ニューヨーク間を搭乗する航空機乗務員が被曝線量計を装着して実測したところ、年に８００～９００時間搭乗すると被曝線量は年間約３㎳になるという。地球からの高度４００㎞前後の上空で周回する国際宇宙ステーション滞在中の宇宙飛行士の線量は、１日当たり１㎳程度となる。地下からは大地に含まれる放射性物質から、年間０・48㎳程度の放射線が発生している。地中の放射性物質は花崗岩に多く含まれており、この岩石の多い地域では自然放射線が強くなる。これが、大地からの放射線が地域により放射線の強弱が出る主要な要因である。１年間に自然放射線源から人が受ける放射線（外部被曝と内部被曝の合計）は世界各地で違っていて、１・０～13・０㎳の範囲にあり、その平均は、２・４㎳である。日本では、場所によって違うが平均は2・1㎳である。

人工的な発生源からの放射線被曝については、胸部Ｘ線撮影１回分の線量は０・05㎳程度、胃のＸ線撮影１回分の線量は０・６㎳程度、乳房撮影は２㎳、Ｘ線ＣＴによる撮像１回分の線量は、５～30㎳（身体の部位によって異なる）、ＰＥＴ検査（ポジトロン断層法）は２～20㎳である（出典：２０１２年６月22日付け朝日新聞・放射線医学総合研究所などのデータによる）。最近、日本では医療機関でのX線CTの導入が増えたので、治療を除く一人当たりの年間医療被曝線量は、平均約3・8㎜Sv と推定されている（出典：2012年6月22日付け朝日新聞）。一人の人が複数の検査を受けるとするとかなりの被曝線量になると考えられる。そういう状況を反映して、放射線と医療に関わる学会連合「医療被ばく研究情報ネットワーク（J‐RIME）」が結成され検査・治療での被曝線量を一生を通じて把握しようという仕組み作りを始めたようである。

また、1日1・5箱のタバコを吸う喫煙者の年間の放射線量は、13〜60㎜Sv（タバコの葉に含まれるラジウム226、鉛210、ポロニウム210などからの放射線による）である。その喫煙者と同居する人が、受動喫煙によって受ける年間の線量は1・2㎜Sv程度である。世界保健機関（WHO）の2008年の報告によると、喫煙を原因とする病気で20世紀には世界で約1億人が死亡し、2008年の時点で毎年推計540万人が命を落としているという。ここで、喫煙による病気の主な原因は放射線ではなく、ニコチンに含まれる有害（主として発ガン性）物質である。

(4) 放射線被曝による健康被害

放射線被曝による健康被害としては、不妊、白内障、癌などがある。年間の線量が100㎜Svの場合には、癌の発生率が0・5%増加するというデータ（出典：『低線量放射線と健康影響』医療科学社2007）がある。日本人の50%が癌に罹り、30%が癌で死亡している事実を考えると、統計的に考えて、この数値は誤差に近いと言える。また、国立がん研究センターの発癌のリスクに関する報告によると表1のようになっている。

表1から、100〜200mSvの放射線を浴びると野菜不足や高塩分食品の生活習慣と同程度のリスクがある。200〜500mSvの放射線を浴びると運動不足やBMI：19以下のやせ、BMI：30以上の肥満の生活習慣と同程度のリスクがある。500〜1000mSvの放射線を浴びると大量飲酒の生活習慣と同程度のリスクがある。喫煙の生活習慣のリスクは1000mSv以上の放射線を受けた場合と同程度である。100mSv以下の放射線を浴びても有意な発癌リスクが検出されていない。したがって、表1によれば100mSv以下の被曝であれば恐れるには当たらないと言える。しかし、100mSv以下の放射線量を被曝した場合の健康被害の有無については、科学者により肯定・否定の両論があり決着がついていない。

反原発の科学者である京都大学原子炉実験所助教の小出裕章氏は、『原発のない世界へ』（筑摩書房）において、年間1mSvの放射線量で2500人に1人の割合で癌で死亡すると述べている。さらに、少しの放射能でも人体に害があるという学者の説を引用して、100mSvという値は言うにおよばず、ICRPが提起した平常時における一般の人の1年間の許容放射線量1mSvという値を大幅に引き

表1　いろいろな原因による発癌のリスク

放射線、生活習慣	相対リスク
100 mSv 以下	検出不可能
100 〜 200 mSv	1.08
野菜不足	1.06
受動喫煙	1.02 〜 1.03
200 〜 500 mSv	1.19
高塩分食品	1.11 〜 1.15
運動不足	1.15 〜 1.19
やせ（BMI：19 以下）	1.29
肥満（BMI：30 以上）	1.22
500 〜 1,000 mSv	1.4
大量飲酒（300 〜 449 g ／週）	1.4
喫煙	1.6

出典：国立がん研究センター

下げるべきだと主張している。

一方、東京大学医学部准教授で放射線治療を専門としている中川恵一氏は、福島県飯舘中学校で特別授業を行って、次のような意味のことを述べている（出典：２０１２年9月１３日付け朝日新聞）。福島県の皆さんの間では、子どもが産めない、癌が増える、そんな誤解があるようです。そう思うのは大人が悪いのだと思う。皆さんには正しい放射線の知識を持ってもらいたい。人間は放射線を浴びると遺伝子が傷つき、癌になることがある。でも、人間は元々放射線を浴びながら生活してきた。傷ついた遺伝子を治す力もちゃんと持っている。平均の日本人の年間被爆量は６mSvである。２mSvの自然放射能以外に病院の検査で４mSvを浴びている。福島県民の外部被曝量の最新データによると、住民の99％が10mSv未満で、６割の人が１mSv以下である。現在の福島は世界的に見ると決して被曝量が多いわけではない。年間被曝量が10mSv以下であれば、子どもでも癌になる心配はないと考えて良い。大人なら20mSv以下であれば安心して良い。逆に、１００mSvを超えると危険である。チェルノブイリの事故では、放射性ヨウ素の影響で子どもの甲状腺癌が増えた。福島の場合は、放射性ヨウ素の取り込みが少なかったというデータがあるので、福島の子どもたちに甲状腺癌が増えることはないと予想される。君たちは安心して結婚し、子どもを生んで欲しい。

（5）放射線被曝に関する筆者の意見

福島第一原発の事故による放射線の被曝を最小限にするために除染作業が行われている。この場合、どの程度まで除染すればよいか、国、地方自治体、住民の間で度々意見が食い違っている。例えば、福島県では除染の目標を1時間当たり1μSv（マイクロシーベルト、1μSvは1mSvの1／1000）とすることが報道された。この放射線を1年間ずっと浴び続けたと仮定して計算すると、年間の被曝線量は、8・76mSvとなる。住民の間では、この数値でも不安だという人もいると思われるが、筆者はこの程度の放射線量であればほとんど心配は要らないと考える。そう考える根拠は以下の通りである。

世界の中で自然放射線の多いところでは、年間10mSv以上（イランのラムサール、ブラジルのガラパリなど）もある。その地域で癌などの発生率が特に高いという報告はない。したがって、年間の線量8・76mSvというのはそんなに高い数値ではないと考えられる。X線CTによる撮像1回分の線量は、5～30mSvであるが、福島県での除染目標、年間8・76mSvはちょうどこの範囲内にある。問題は1時間当たり1μSvと20分程度の時間内に8・76mSvの放射線被曝を受けるのとではどちらが健康被害を受けやすいかということである。X線CTによる撮像1回分の線量は、検査時間20分当たり26mSvにもなる。20分当たりで比較すると、X線CTによる被曝は1時間当たり1μSvの2万倍以上の値になる。では、弱い放射線を長時間受けるのと、強い放射線を短時間受けるのと、どちらが健康被害を受けやすいだろうか？　健康被害は人体の組織の中のDNAなどが放射線を受けると、その化学結合が切れることが原因で起こる。生物のＤＮＡなどには修復作用があり、切れた化学結合が時間の経過とともに復元される。ところが短時間であっても2万倍もの強い放射線を受けると、元通りに復元される暇がないうちに次々に化学結合が切れ続ける確率が高くなる。その場合化学結合の再配置が行われるが、まったく元の状態に復元できず間違った化学配列になる（損傷を受ける）確率が高くなる。損傷を受けたＤＮＡは染色体の欠陥を引き起こし、細胞分裂に失敗して、無秩序に増殖する癌細胞になる可能性が高くなる。この癌細胞によって、将来癌になる危険性がある。筆者もＸ線ＣＴによる検査を受けたことがあるが、放射線被曝の影響が少なくて済むように、放射線被曝を含む検査の間隔をなるべく空けるようにしている。今までのところ、Ｘ線ＣＴでの放射線被曝による健康への影響はなさそうである。福島県での除染目標は、それに比べてはるかに安全サイドにあるのである。筆者は放射線の専門家ではないが、20～40代の時期に研究のために放射性同位元素を扱い、放射線被曝を経験したことのある一人の化学屋として、前述のように判断する。放射線治療においては、癌の組織に１Sv（１０００mSv）程度の放射線を１日１回５日間に分けて照射することが行われている。これを場合によっては間隔をおいて数週間続けることがある。そうなると合計20Sv以上の被曝になるわけで、これを一度に浴びるとかなりの確率で死亡する線量である。しかし、放射線治療を分けて行うことで正常な細胞の損傷の修復が起こり、治療の副作用が減らせるのである。

(6) 内部被曝の問題について

放射線の生体への影響については、「外部被曝」と「内部被曝」に分けて考えるのが通例である。外部被曝は放射線を身体の外部から浴びることを、内部被曝は放射性物質を呼吸によって吸い込んだり、汚染した飲食物を摂取したりして、身体の内部から被曝することを指す。放射性のセシウムは半減期が30年だから体内に取り込んだセシウムは30年経たないと半分にならないのだろうかという声を聞くことがある。しかし、生体内では代謝作用で放射性セシウムは体外に排出され、大人ならば3カ月程度で乳児では2週間程度で半分に減少する。内部被曝では、放射性ヨウ素により甲状腺癌を引き起こす可能性が最も懸念される。放射性ヨウ素は半減期が8日なので、原発事故の初期は危険が大きい。例えば3カ月以上経った後の食物を摂取しても放射性ヨウ素による健康被害を心配する必要はほとんどない。また、内部被曝は身体の内部から被曝するので食べ物に含まれる放射性物質がゼロにならないと、怖くて食べられないという声も聞く。しかし、どの食品にも天然から来る放射能が含まれているわけだから、食品の含有量をBq単位で表した数値が小さければ内部被曝を特別に怖がる必要はない。

原発事故による放射性物質がゼロであっても食べ物による体内被曝はゼロにはできない。体重60kgの成人男性なら誰でも体内に6000ベクレル(Bq)程度、成人女性は体重にもよるが4000Bq程度の放射性物質がある。その理由は、自然状態でも岩石に元々含まれる放射性カリウムや宇宙線でできる放射性炭素などから食べ物を通して人間の体内に入ってくるからである。女性でも4000Bq程度の放射性物質があるということは、妊娠中に胎児は母親から放射線による被曝を受けていることになる。ただし、この程度の放射線で胎児の発育に悪影響をおよぼすという報告は見たことがない。

厚生労働省は、２０１２年３月まで、食品に関する放射性セシウムの暫定基準値を年間５mSvの放射線被曝に相当する量に設定していたが、２０１２年４月より、これを5倍厳しく設定し直して年間１mSvの放射線被曝に相当する量にした。それによると、放射性セシウムの基準値は、肉、魚、野菜、穀物などの一般食品は１kg当たり１００Bq、牛乳および乳児用食品は50Bq、飲料水は10Bqなどとなっている。これに対して、表2に示すように、ドライミルク、ホウレンソウに含まれる自然放射性カリウムが１kg当たり２００Bq、牛肉、魚には１００Bq含まれている。今回の基準値は自然放射能と同レベルのもので、とても厳しい数値といえる。

上記のような考察から、放射線被曝に関する政府の新基準は、消費者にとっては相当安全サイドにあるが、農業・牧畜業や漁業に携わる人びとにとっては厳し過ぎると言える。政府は、従来の基準より5倍も厳しくしたことに対して説得力ある説明をしていない。これは、消費者の放射線による内部被曝の恐れに対して過剰に対応したも

表2　食品中１kg に含まれる自然放射性カリウム 40 のおおよその放射能

食品名	放射能
干し昆布	2000 Bq
干しシイタケ	700 Bq
お茶	600 Bq
ドライミルク	200 Bq
生ワカメ	200 Bq
ホウレンソウ	200 Bq
牛肉	100 Bq
牛乳	50 Bq
米	30 Bq
食パン	30 Bq
ワイン	30 Bq
ビール	10 Bq
清酒	1 Bq

出典：2011 年 12 月 24 日付け朝日新聞

のと考えられる。さらに、風評による買い控えを防ぐために、農作物や魚介類の出荷前に、生産者やスーパーなどで放射能の検査を行い、政府の新基準よりさらに厳しい基準でないと販売しない動きが起きている。農業・牧畜業や漁業に携わる人々の苦労が察しられる。例えば、福島県だけでなく、栃木県産のきのこも基準値を超えたということで出荷停止になった。また、茨城県の霞ヶ浦と那珂川で取れる天然のウナギが1kg当たり100Bqをわずかに超えたということで出荷停止となった。茨城産の天然のウナギが2010年度は全国一の漁獲量を占めていたが、2012年度は養殖ウナギの不漁の影響でウナギが高値で売れているだけに漁業者のショックが大きいようだ。

フクシマ事故によって、住民の人たちが受けた被害は、放射線による健康被害ではなく、自分の家で生活できず避難生活を強いられる被害であり、主として風評による農業・牧畜業や漁業などの被害である。政府が最優先で取り組むべき課題は、風評被害を助長するような基準の見直しではなく、住民の人たちが一日も早く自分の家で生活できる環境を整備することである。実際、この新基準はアメリカやヨーロッパの基準に比べて10~20倍厳しいものである。放射線被曝は少ない方が良い。しかし、しょせん放射線量を自然放射線量より少なくすることはできない。

(7) 筆者の主張

2012年10月現在、東日本大震災の被災地のガレキ処理が思うように進んでいない。その一つの理由に、被災地以外の地域でのガレキの受け入れがあまり進んでいないことがある。全国各地の自治体の首長がガレキの受け入れを表明しても、住民の反対でそれが実行できないでいる。住民の反対の理由は放射能に対する必要以上の恐怖である。宮城県、岩手県のガレキを拒否するというのは明らかに行き過ぎであると思われる。

そうは言っても住民の不安は消えないと思うが、その原因の一つは、科学者の間で放射線被曝による健康被害の限度に関して大きな意見の差があることが挙げられる。ＩＣＲＰ（国際放射線防護委員会）は、許容年間放射線量の平常時１㎜Sv、緊急時１～20㎜Svとしている。ＩＣＲＰは２０１１年３月21日に声明を出して、日本は緊急事態だからこれを１～１００㎜Svまでとした（２０１１年３月26日付朝日新聞参照）。ＩＣＲＰの平常時から緊急事態時にまたがる１～１００㎜Svの放射線量の数値は、科学的に健康被害を証明することが困難で、統計的あるいは確率的にこうであるというしかない性質のものである。

したがって、一般市民の人たちには、大きく異なる科学者の意見に振り回されるのではなく、医療被曝や食事、運動、タバコなど生活習慣によるリスクなどと比較して放射線被曝によるリスクを自分自身で判断してもらった方が良いと考える。どうしても権威のある人または専門機関からの意見が欲しいという方には、放射線医学総合研究所や医療被ばく研究情報ネットワーク（Ｊ‐ＲＩＭＥ）などの情報を参考にして欲しいと思う。

誰かが被曝限度を小さく主張すればするほど、住民の不安が大きくなり、それによる風評被害が増えることも確かである。また、それを達成するための除染作業と費用が膨大になる。それについて、

ＩＡＥＡの調査団が、日本における除染限度に関するいろいろなやりとりを見聞きした結果を受けて「除染をあまり神経質に考えなくてよい」とコメントをしている。同感である。

実は、人体のＤＮＡが傷つけられるのは放射線によるだけではない。紫外線や活性酸素によってもＤＮＡが傷つけられる。晴れた日に日光を浴びれば強い紫外線を受けるし、水道水を飲めば殺菌のために添加されている塩素のために活性酸素を体内に取り込むことになる。このように私たちの日常はいろいろなリスクにさらされている。どんなに頑張ってもリスクはゼロにはできない。マスコミもただ住民の放射線に対する不安を伝えるだけでなく、住民の方々が自分で判断できるような客観的な事実の報道に努めて欲しいものである。

以上は、主として自然科学的な観点から見た筆者の意見であるが、社会科学者である齊藤誠氏は『原発危機の経済学』（日本評論社　２０１１）において、以下のような意味のことを述べている。まったく白紙であれば私の意見は反原発、放射能も限りなくゼロに近づけるべきであると考えるが、54基もの原発を持ってしまった現在の日本においては、①既存の原発の安全性を保っていく上でも、②万が一の過酷事故で有効な対応を可能にするためにも、③引退した原子炉の取り扱いを考えていく上でも、④原発がある限り生み出される放射性廃棄物の処分を考える上でも、微量の放射性物質を受け入れるべきである。また、池田信夫氏は『原発「危険神話」の崩壊』（ＰＨＰ新書　２０１２）で、国や電力会社が「安全神話」を信じてリスクを過小に見積もってきたことは事実だが、マスメディアが誇大な「危険神話」を宣伝していると述べている。

２０１２年10月現在、放射線被曝が原因で健康を害したという住民は、筆者が知る限り、一人も報道されていない。フクシマの住民の主な被害は避難生活を強いられる被害であり、そのための健康被害や家族バラバラに生活しなければならない苦痛、失業など生活基盤が失われる被害、主として風評による農漁業の被害である。その被害は、放射線被曝による実際の健康被害（放射線被曝に対する恐怖など心理的なものは残るであろうが）よりもはるかに大きい。実際、震災関連死の原因調査のうちの福島県分を見ると、避難所生活などでの肉体的・精神的疲労によるものが49・8％となっている。また、原発事故による心労死者が34人もいるという。

表１の発癌のリスクからすると、今後おそらく放射線被曝が原因で癌で死亡したと明言できる住民は一人も出ないと予想される。住民が受けた放射線量は最大の人でも年間１００mSv以下であるので、放射線被曝が原因で癌になったのか、別の原因で癌になったのかが区別できない放射線量の領域だからである。２０１２年10月現在、政府は年間20mSv以上の地区を避難指示の地区としている。一方、日本人一人当たりの年間医療被曝線量の平均が約３・８mSvであるということは、ほとんど医療被曝を受けていない人が大勢いると思われるので、年間20mSvを超える医療被曝を受けた人の数が現在避難生活をしているフクシマの住民の数をはるかに上回るものと推定される。

そうであれば、筆者はフクシマの住民の避難基準を緩和すべきであると考える。例えば、年間50mSv以下の放射線量の地区であれば、強制的な避難区域とするのではなく、住民が希望すれば居住可能にすべきであると考える。年間50mSv以下の放射線量の地区であれば、現在避難生活しているフクシマのかなりの住民は希望すれば自宅に帰れることになる。その場合に、学校、公民館、役場、病院などの公共の場所や住民の住居の除染には補助金を出して、年間10～20mSv以下の放射線量にするなどの環境整備が必要であろう。そうした対策を経て自宅への帰還ができた場合、住民たちは、家族一緒に生活でき、雇用も確保できれば、精神的にも肉体的にもはるかに健康的な生活ができると思われる。

第2章 反原発の考え方

1　反原発の論点

福島第一原発の事故のために、フクシマの人たちは、自分たちの責任はまったくないのに、着のみ着のままの状態で避難生活を余儀なくされ、いつ故郷と住み慣れた家に帰れるのかあてもなく、生活の根拠を奪われて、放射線被曝の恐怖のうちに生活しなければならなくなった。日本の人たちは、今まで原発の是非について考えてもみなかった人が多いのではなかろうか？　ところが、フクシマの人たちの様子を知るにつけ、フクシマの人たちの気持ちを思うにつけ、自分たちにもそういう事態になる可能性があるということを思うとき、反原発の意見になった人も少なくないと考えられる。

反原発の人たちの主な論点は、以下のようである。

①原発は一度事故が起これば大惨事になる危険性がある。爆発事故に加えて、炉心の溶融事故があ

る。原子力発電のシステムは複雑で、主な系統だけで数十に及び、ポンプが数百台、電動機が千数百台、計器類は約一万、弁類は数万に達する。しかも、原発のシステムが複雑な上に建設の際の施工がずさんであるという作業従事者の声もある。そうした中では、いつどこで事故が発生しても、不思議ではない。ましてや、地震多発国である日本に原発を誘致したこと自体が間違っている。過去にも地震による被害で原発がいくつもトラブルを起こしていた。原発事故によって原子炉を冷やしている水がなくなると、炉心は溶け落ち、気体あるいは微粒子となった大量の放射性物質が飛び出してくる。1979年のスリーマイル島事故、1986年のチェルノブイリ事故、2011年の福島第一原発で起きたような事故である。

②日本の原発は、経済産業省、原子力安全・保安院、安全委員会などの各種委員会（学者など）、電力会社が一体となって原子力ムラを形成し、その安全性が主張されてきた。放射性物質は、燃料はペレット、燃料被覆管、原子炉圧力容器、原子炉格納容器、原子炉建屋と5重の壁で閉じ込められていると主張されている。さらに、緊急時には、制御棒が働いて原子炉を自動的に停止する装置があり、非常用のディーゼル発電機が働いて冷却が可能で、事後の「止める」「冷やす」「閉じ込める」の発想で設計されている。これらは、いわゆる多重防護の思想で、これがあるから原発は安全であると言われてきた。これらの安全性の主張に対して、反原発運動などの外部の意見は排除され、いわば仲間内だけの論理で「安全神話」が形成されていった。ところが推進派は「安全神話」を述べるだけで、実際に安全に配慮した対策を取ってこなかった。原発推進派と

反対派の間にまともな対話が行われなかったことは大きな問題である。

③いったん原発事故が起これば、住み慣れた家を後にし、長期にわたる避難生活を余儀なくされる。原発からかなり離れたところでも放射能汚染が広がり、食物に対する放射性物質の混入、教育現場での子どもたちの外部への行動の制限などを余儀なくされる。汚染地域では産業が成り立たなくなるために、職を失い生活の基盤が無くなる。また、風評被害によって、差別されたり、農業や漁業も大きな被害を受ける。

④使用済み核燃料をはじめとする高レベル放射性廃棄物の処理・処分方法が確立していない。この状態はトイレのないマンションのようなもので、元々原発を作るべきではなかった。今の状況では、高レベル放射性廃棄物の最終処分を自分の居住地近くで行うことに対して国民の理解は到底得られない。高レベル放射性廃棄物の処分には、数万年を超える管理を必要とするので、後世に大きなつけを残すことになる。

⑤プルトニウムを本格的に利用しようとすれば世界中をプルトニウムが動きまわる事態となり、核兵器の拡散、核テロリズムの危険性を大きくする。また、その防止のためとして社会的自由が制限されたり、危険回避に必要な情報まで開示されなかったりする。また、プルトニウムを大量に保持すれば、日本が核武装するのではないかと疑念を持たれることにもなる。

⑥ウラン鉱山の採掘現場、原発事故の際にも労働者の被曝を伴う。労働者や事故の際の地域住民の犠牲の上に成り立っている原発は推進すべきではない。

⑦エネルギー利用のメリットを得る者と危険性を引き受ける者とが、地域的あるいは世代的に不公平である。電源開発促進税は、消費者の知らないうちに電気料金の一部として徴収されているが、そのうちのかなりの部分が電源三法交付金などとして原発立地自治体に支払われている。電源三法交付金は、立地自治体の財政に一過性の膨張をもたらし、地域内に賛成・反対の対立と分断を持ち込み、地域の自立を妨げている。

⑧原発のコストは安いと言われているが、これは放射性廃棄物の処理・処分、原発事故の補償に関わる費用、廃炉に関わる費用をあまり見込んでいないためである。さらに、原発核燃料サイクルに関わる技術開発費や電源三法交付金などの原発に関わる政策経費はコスト計算の対象になっていないが、これらは本来原発のコストに組み入れるべきものである。これらの費用は莫大になることが予想され、それが正当に評価されれば原発のコストは決して安くない。

⑨原発の増設および再稼働は、経済的理由がほとんどである。例え貧しくとも命と暮らしを守る方が重要ではないか。直ちにすべての原発を停止し、廃炉にすべきである。

これらの意見にはもっともなことが多く、後に述べるように、最後の部分を除いて筆者は賛成である。

2　反原発運動について

ドイツでは、福島第一原発の事故を受けて、２０１１年3月26日にベルリンで10万人、全国で合計26万人の反原発集会があったという。さらに、その翌日のドイツ州議会選挙で、メルケル首相率いる与党キリスト教民主同盟が大敗北し、脱原発を訴え続けてきた緑の党が大躍進した。そして、ドイツ政府は反原発運動の高まりを受けて、２０１１年6月に「２０２２年までに、ドイツにある全ての原発を廃止する」ための法案を閣議決定した。

日本でもフクシマ事故のために、反原発運動が盛り上がるかにみえる現象が起きている。２０１１年9月19日、明治公園で「さようなら原発5万人集会」が市民の会の主催で開かれた。主催者の発表ではこの集会に6万人の人が参加したという。この集会では、大江健三郎氏、鎌田慧氏、内橋克人氏らが反原発のアピールをしたとのことである。さらに、２０１２年に入ってからも同様の集会が度々開かれている。特に関西電力の大飯原発の再稼働が決定される頃から、首都を中心に毎週金曜の夜に原発再稼働反対のデモがあり、主催者の発表で10万人規模の参加者を集めている。この集会では、特定の政党名や団体名を出さないようにしており、脱政治色が特徴である。このような反原発・脱原発の気運を背景に、２０１２年後半より民主党政権およびいくつかの小党が「脱原発」を打ち出し始めた。こうした気運が一時的なものに終わるのか、中長期的に定着するのかは未知数である。

このように、日本でのフクシマ事故後の反原発運動が政治の領域にも影響を与えつつあるが、ドイツにおける程の大きな政治的インパクトを与えるまでにはなっていない。ドイツ人にとっては、1986年4月のチェルノブイリの原発事故によって南ドイツの農作物などが直接被害に遭ったために反原発運動が大きく広がったと考えられる。一方、日本人はヒロシマとナガサキで被爆し、さらに2011年3月のフクシマ事故を体験している。それなのに、この日本とドイツとの違いは何だろうかと大いに考えさせられる問題である。

ドイツの緑の党は、ドイツ人のエコロジーの伝統を受け継いでいる。「母なる自然」という言葉に代表されるように、ドイツ人は伝統的に自然を人格化してきた。古代ゲルマン民族は神殿の代わりに自然を崇拝していて、その伝統が近代にまで受け継がれている。緑の党は、こうしたエコロジーの伝統を受け継ぎ、1970年代の終わりに、旧西ドイツで、主に右派や保守派の環境保護グループが中心となって組織された。その後、右左の勢力が逆転し、左翼色の濃いエコロジー政党となっている。1986年のチェルノブイリ原発事故のインパクトとドイツの大気汚染と森林への酸性雨の脅威を訴えることで、1987年に行われた連邦議会選挙で得票率を大幅に増加させた。1993年に緑の党は、東ドイツの民主化に関わった市民グループと統合している。1998~2005年まではドイツ社会民主党と連立政権を組み、脱原発・風力発電の推進・二酸化炭素の削減など環境政策を進展させた。2012年現在、緑の党はドイツ連邦議会で68議席を持つ5番目に大きい党であり、1980年代以降一定の勢力を持つ野党である。緑の党が国民から一定程度支持され、それがドイツの国政にも大きな影響を与えている理由は、①環境保護の伝統が近代以前からあり、②緑の党が環境保護グループとして右派や保守派が中心となって組織され、その後、左翼勢力が主導権を取る経緯をたどっていること、③ドイツ国民がチェルノブイリ原発事故を経験し原発の問題点を体験したことなどではないかと考えられる。ドイツでは、原発問題を安全性への疑念やエネルギー問題という視点だけでなく、環境問題と社会という広い枠組みの中で捉えてきた歴史が、２０１１年６月の政策転換を生んだ背景になっているのではなかろうか。

一方、日本人の自然観は、神道的な自然信仰と仏教の中にある汎神論的要素が農耕文化と結びついてできたと考えられる。日本におけるエコロジーの要素は、里山の利用などの循環型社会の形成と「もったいない」の考え方に表される。しかし、エコロジーの視点は、明治維新以来における近代化政策と戦後の工業化と大量消費文化の影に隠れることになる。日本における環境保護団体に所属する人数はドイツより１桁程度少ない。日本における反原発運動はエコロジーの視点というよりも、原発立地の地元における安全性への不安から出発している面が強いと考えられる。日本における反原発運動は１９５４年の第５福竜丸事件をきっかけに誕生した反核運動（原水爆禁止運動）に源流を持つと考えられる。ただ、同じ年に原子力研究開発予算が国会で成立しており、当時は反核運動と原子力の平和利用は矛盾なく受け止められていたようである。原発立地当初の１９６０年代には目立った反原発運動がなかったが、１９６９年に全国原子力科学者連合（全原連）が結成され、若手科学者が原子力学会において、原子力開発を批判するビラをまいている。この後、「反原発運動の父」と呼ばれるようになった高木仁三郎氏が「市民科学者」としての道を歩み始め、反原発運動にも関わり始めている。1970年前後から伊方原子力発電所をはじめ各地で原子力発電所建設への反対運動が起こった。1974年に原子力船「むつ」の放射線漏れが発覚し、母港むつ市の市民から帰港を拒否された。日本における反原発運動は、原発立地の地元における運動の側面が強く、外国に比べて反核・平和運動との結びつきが比較的に弱いと考えられる。政治的には、政権を担当してきた自民党と民主党が大勢として原発を推進してきた。フクシマ事故後、民主党が脱原発を打ち出し始めたが、一貫して脱原発を訴えてきた政党は、社民党と共産党である。したがって、日本での反原発運動が少数野党的な性格を帯びてきたのは必然的な流れであった。

日本では、「原発推進派」対「原発反対派」の対立が固定化されていて、両者の間に生産的な議論がなされてこなかったことは大きな問題であった。

京都大学原子炉実験所助教の小出裕章氏は代表的な反原発活動家の一人である。フクシマ事故が発生して以来一年半で30冊もの本を出版し、講演は100回も行っているとのことである。フクシマ事故以後、原発関連では、小出氏の本が最も売れているそうである。フクシマ事故以来、人々の中に生じた反原発・脱原発感情の先導役を小出氏が演じている感がある。小出氏が長年主張してきた「原発の危険性と原子力ムラの問題性」がフクシマ事故によって実証されたことがそれらの理由になっているものと考えられる。ところが、小出氏らの反原発活動のやり方は、「少しでも原発に不利な材料」を集め、それを反原発運動に利用しようとするものである。筆者が小出氏の著書を読んでいると、「少しでも原発に不利な材料」を出そうとするあまり、その中に首を傾げたくなるような誇張があちこちに含まれていることを発見する。そうした反原発活動を受けて、推進側では、ひたすら「原発に不利な材料」を隠そうとする。そして、皮肉なことに、反原発運動の人たちが、正しくも、原発の問題点を厳しく指摘し、推進側を追求すればするほど、推進側はかたくなになり、隠蔽体質をますます強固に作っていったと考えられる。そして、推進側は肝心の原発の安全性の向上に取り組むよりも、反原発運動対策に走ったと考えられる。

国政レベルでの政権党と社民党、共産党との関係と相似的に、原発に対する「推進派」対「反対派」の間で意見の相違を埋める動きが起こらなかった。それに対応するかのように、国政レベルにおいて、原発問題が大きな政治的な争点になることがなかった。フクシマ事故後の世論調査の結果を見ても、原発推進の意見が減り、反対意見が多くなったという事実があるものの、原発問題が政党の支持率に大きな影響を与えている兆候が見られない。こうした点を考え合わせると、多くの日本国民が原発の推進にかなりの疑問を感じつつも、反原発にも踏み切れないものを感じていることがうかがえる。

飯田哲也氏は『原発社会からの離脱』宮台真司、飯田哲也著（講談社現代新書　２０１１）において、原子力はすぐに「推進・反対」という二項対立の話になってしまうので不毛だが、それを超えられた例もあると述べる。１９９６年「市民によるエネルギー円卓会議」を主催し、東京電力の勝俣恒久副社長（当時）、原子力資料情報室の高木仁三郎氏、通産省、文部省の官僚、環境ＮＧＯのメンバーも招いたとのことである。そして、①自然エネルギーを増やすこと、②省エネルギーをすすめること③エネルギー政策の意思決定の場をもっと一般に開くこと、という三つの合意ができたとのことである。「それは、素朴な合意ですぐに現場に簡単に通用する話ではなかった」と飯田哲也氏は述べているが、推進派と反対派の間において共通テーマで話し合った意義を強調している。その後、東京電力企画部と「市民フォーラム2001」の間での定期協議が行われ、東京電力から「市民フォーラム2001」に2億円の寄付などがあったという。その協議が波及効果をもたらし、北海道電力と「北海道グリーンファンド」という反原発団体との共同事業で市民風車を作っていったとのことである。そういう例が全国に広がってきつつあるという。さらに、長谷川公一氏は『脱原子力社会へ　電力をグリーン化する』（岩波新書　2011）において、日本の原子力反対運動は長い間「告発・対決型」という性格が強かったが、欧米での電力政策の転換や再生可能エネルギーの振興策にも刺激されて、日本でもエネルギー政策の転換を目指す政策提言型の新しい運動が起こったことを紹介している。

フクシマ事故を経て、電力会社の原発批判を封じ込めようという姿勢に多くの批判が集まっている現在、従来広告のスポンサーである電力会社の意向を気にして原発問題を歪めた形でしか報道してこなかったマスコミの果たす役割が今後大きくなると思われる。マスコミの役割によっては、「推進・反対」という二項対立、「告発・対決型」を超える例が増えていくものと期待される。

第3章　世界における脱原発および増原発の動き

1　フクシマ事故前後における世界の動き

２０１１年3月のフクシマ事故を受けて、世界の各国は原発の是非について再検討を行ったと考えられるが、その対応は国によって大いに異なるものとなっている。

ドイツでは反原発運動の高まりを受けて、２０１１年6月に脱原発に踏み切った。しかし、このように脱原発を目指す国は比較的少数で、ドイツ以外ではイタリアやスイスくらいである。

イタリアでは、１９８６年のチェルノブイリ原発事故を受けて実施された１９８７年の国民投票で原発廃止を決定している。しかし、その後の電力需要の増加、輸入に依存する電力供給の不安定さ、コスト高などを理由に、ベルルスコーニ政権が原発の推進に方向を転換した。これに反対する勢力が国民投票を要求し、２０１１年1月に国民投票の実施が決定していた。その時点では、多くの国民は国民投票が有効になる投票率50％以上にはならないと考えていたようだ。ところがフクシマ事故を受けてにわかに国民投票に対する関心が高まり、２０１１年６月13日に行われた投票で脱原発が決定された。

スイス政府は、２０１１年５月、原発の新設禁止と稼働開始後50年をメドにして順次閉鎖、２０３４年までに現在稼働中の原発５基を閉鎖することを閣議決定した。スイスは２０１２年10月現在電力の約40％を原発に依存している。

アメリカは、２０１２年現在１０４基の原発を持ち電力需要の約20％を原子力で賄っていて、その規模は世界一である。ところが１９７９年のスリーマイル島の原発事故以来、新規の原発建設がストップした。フクシマ事故を受けて多くの国民は原発反対に傾いたようだが、オバマ政権は原発推進の立場をとっている。オバマ大統領が２０１１年３月30日に演説して、「アメリカはすでに電力需要の20％を原子力で賄っていて、原子力は温室効果ガスを排出することなく電力供給を増やせる。ただし、安全確保は不可欠で、日本の事故から学び、次世代原発設計と建設に活かして行く」と述べている。そして、アメリカの原子力規制委員会（ＮＲＣ）は、２０１２年２月９日にジョージア州で計画されている新規原発２基を、２０１２年３月30日にサウスカロライナ州で計画されている新規原発２基の建設・運転を34年ぶりに許可した。４基の原発は東芝傘下のウエスチングハウス社が開発した新型加圧水型炉で、２０１６〜２０１８年の運転開始を目標にしている。アメリカは、核不拡散という　ことを口実に、自国の原発を推進するだけでなく、他国の原発建設を援助する原発ビジネスに乗り出そうとしている。

イギリスも原発を推進して行く方針のようである。イギリスでは19基の原発が稼働中で、４基の新規原発を計画中であるが、さらに、２０１１年6月に8箇所の新規原発の候補地を公表している。

中国も原発を増強していく方針に変わりはない。中国では東日本大震災とフクシマ事故のニュースが大々的に報道され、原発の安全性について一時的には中国国内においてチェックされたようだが、その後はそういう声があまり聞かれない。フクシマ事故の問題が浮上した頃、中国では全国人民代表大会が開かれており、原発の大増設計画が正式決定の段階にあった。したがって、国内の報道では、フクシマ事故の話題が出てくるたびに中国の原発が安全であることが強調された。中国の新5カ年計画では、「原発建設をこれまで通り促進する。中国には10・8ＧＷ（ギガワット）の原発が13基あるが、２０２０年までにこれを8倍に増やす。とりわけ、沿岸部での建設を急ぐが中央部の地方にもその恩恵を受けられるよう促進する」ことが盛り込まれた。その背景には、人口の多い中国において今後の経済成長に見合うエネルギーを確保するためには原子力の推進に頼らざるを得ない事情がある。中国は電力供給の80％を石炭に頼っているが、石炭燃焼による酸性雨などによる大気汚染、二酸化炭素排出による温暖化、国内資源減少による海外依存から脱却したいと考えている。そういう事情と政府の報道からか原発に反対する勢力はほとんどないようだ。中国は自国での原発増設だけではなく、新興国・途上国への原発ビジネスにも熱心に取り組んでいる。

韓国では、原発政策と国民の世論の動向に関して日本と同様な事情があるようだ。韓国には２０１

2年現在21基の原発があり、発電容量は約1870万kWで世界第6位を占め、国内発電量の約30%を賄っている。さらに、政府の計画では、原油価格上昇、温室効果ガス削減に対応するため2030年までに原発の発電容量を全体の57%までに引き上げる予定だ。さらに、韓国企業グループのアラブ首長国連邦（UAE）への原発建設の受注に代表されるように、途上国などへの原発輸出に国策として取り組んでいる。一方、原発の是非をめぐって韓国国内世論は割れているようだ。原発推進派は、フクシマ事故は予見できない例外的な出来事で、韓国で原発建設を止める必要はないという。そして、国内の電力需給には余裕がなく、全国で大停電が起こる危険性が高まっているとし、これを回避するには、料金を抑えながら電力供給を増やすことが必要で、それには原発の拡大しかないという。これに対して、脱原発派は、フクシマ事故によって、あらゆる原子力施設は予期しない出来事に弱く、近隣住民に甚大な被害を及ぼすとする。そして、ドイツの脱原発の決定を引用しつつ、原発を諦めてこそ代替策が育つと主張する。そして、2012年3月4日に脱原発を掲げる緑の党が誕生した。フクシマ事故以後李明博政権の原発拡張路線に疑問を持つ市民が増え、結党につながった。進歩系の野党も原発見直しの姿勢で、原発問題が韓国政治の対立軸の一つになりつつあるようだ。もう一つ、日本と韓国の大きな違いは電気料金である。国際エネルギー機関（IEA）のデータによると、1kWhの産業電気料金を比較すると、韓国が5・8セントであるのに対して日本は15・8セントであるという。一般家庭用の電気料金も安い。韓国政府によると、韓国の電気料金は経済開発協力機構（OECD）加盟国の平均額に比べ家庭用、産業用ともにだいたい半額の水準だという。韓国は、石油や天然ガスなどをほぼ全量輸入している。韓国政府がウォン安誘導してきたために、石油や天然ガスの輸入コストは日本より高い。にもかかわらず、これだけ電気料金が安いのは、原発の稼働率が高いことと政府が料金を管理しているためである。電気料金は原価割れだが、韓国電力が半国営企業なので何とか経営が成り立っている。李明博政権は大企業支援を徹底したが、安い電気料金もその一つである。韓国で電気料金が格安であることは、産業界にはプラスである。最近は、大手企業の間に、「韓国の安い電気料金を武器に、技術力の高い日本の中堅、中小企業をどんどん誘致しよう」という声も高まっているとのことである。

ロシアも原発を増強していく方針に変わりはないようだ。大統領となったプーチン氏は、「日本の原発事故は原発の発展を止めるものではない。ロシアは原発を放棄しない」と述べ、自国での原発のシェアを現在の15％から段階的に25％に引き上げるとしている。さらに、ロシアはインド、中国、ベトナム、ベラルーシで原発を建設中で、さらにトルコとバングラデシュとの間で輸出協定を結んでいる。１９８６年4月に旧ソ連ウクライナ共和国のチェルノブイリで原発事故が発生し、大量の放射性物質が大気中にまき散らされ、特にウクライナ北部・ベラルーシ東部と南部・ロシアのプリヤンスク州などが激しく汚染され、被害を受けた。そうした経験もあってか、ロシアの一般国民の考え方は政府とは違うようである。フクシマ事故後の世論調査では57％が脱原発を支持しているとのことである。

原発推進国は、インド、パキスタン、ブラジル、メキシコ、アルゼンチン、台湾、ベトナム、トルコなどにも及んでいる。そればかりか、産油国までが原発建設に積極的である。イランの核開発疑惑が問題になっているが、イランだけでなく、サウジアラビア、アラブ首長国連邦（ＵＡＥ）なども原子力開発に乗り出す意向を明確にしている。その背景には、世界のエネルギー市場における石油のシェアの低下がある。第一時石油危機当時（１９７４年）の46・7％から２００８年の32・7％と減少している。一方、石炭は23・5％から27・9％へ、原子力は１・１％から５・８％へと増加している。石油のシェアの低下は、石油の枯渇が近くなったということを意味するものではないが、産油国は石油の将来の枯渇に備えて、今のうちから原発推進へと舵を切っているのである。

２　日本における原発推進体制

日本は、２０１０年末の時点で、54基の原発を持ち、約４９００万kWの設備容量を持つ、アメリカ、フランスに次ぐ世界第三位の原発大国である。発電電力量に占める原子力発電の割合は、30・8％である。さらに、政府はフクシマ事故以前に二酸化炭素の排出削減目標達成などを理由に、２０３０年までに原子力発電の割合を50％以上とするエネルギー基本計画を策定していた。このように、日本が原子力発電を推進する理由は、エネルギー自給率が約４％と主要国の中で最も低いこと、原発が二酸化炭素を排出する割合が低いこと、原発のコストが他の発電方式に比べて安いことが挙げられてきた。

しかし、ヒロシマ、ナガサキを経験した被爆国である日本が、なぜこれほど強力に原発を推進してきたのであろうか？　一つには、アメリカが日本を原子力平和利用、原発技術売り込みのターゲットとしたからである。１９５３年12月のアイゼンハワー大統領の国連総会の演説「平和のための原子力」には、アメリカが原発技術を資本主義陣営内の他国に売り込むと同時に、原子力協定を通じて他国の核武装を阻止する狙いがあった。原子力の平和利用が核兵器とは異なるものだということをアピールする上で、被爆国である日本が最も効果的な相手であった。アメリカは、初代の原子力委員長となる正力松太郎氏らに日本における原子力の推進を強力に働きかけた。もう一つは、日本側にも敗戦国ゆえの、また資源小国ゆえの科学技術立国への強い希求があった。資源小国の日本は、原子力という最新の技術によって経済成長による豊かさを求めたのである。敗戦国ゆえの心理的トラウマを背景にして、他国に追いつくことを急ぐ社会心理があった。他国に追いつくことを急ぐ社会心理と資源小国ゆえの科学技術立国への強い希求を背景に、国策によって原子力が推進されていった。当時の自民党政権は原子力の推進に熱心で、中曽根康弘氏が原子力推進の先頭に立ち、１９５４年に原子力研究開発予算を国会に提出し成立させた。１９５６年には政界・財界・官界・学会・マスコミが原子力推進のために結集した原子力産業会議が発足した。この原子力産業会議が以後の日本の原発推進の中核を担うことになる。また田中角栄氏が日本列島改造論を掲げて登場し、地域開発と原発推進とをセットで推し進めた。田中氏は１９７３年のオイルショックを背景に、火力発電に依存する状態からの脱却を目指し、電源開発促進税とそれを特別会計とする交付金制度（電源三法交付金）を作り、各地に原子力発電所を誘致しようとした。そうした流れの中で、東芝・日立・三菱重工などを筆頭に巨大な原子力産業が形成されていった。原子力産業は軍事産業と同様に他業種への転換が困難であり、原子力産業が生き残るために原発の増設、核燃料サイクルの形成が必要であった。一方、政府の対応は旧通産省、現経済産業省を中心に原子力推進を強力に進めていった。その一つの例は、原子力予算である。原子力関係の年間予算は、２０１０年度で経済産業省と文部科学省とを合わせて４３２３億円である。その予算の出どころの一つに電源開発促進税がある。電力に関しては、kWh当たり37・5銭、家庭用の電気料金単価の２％を内税として自動的に徴収している。電源開発促進税は電気料金の明細書に記されておらず、ほとんどの消費者は自覚せずに払っている。２０１０年度予算案では、電源開発促進税は約３１６２億円、そのうち電源三法交付金と呼ばれる電源立地対策費が約１７９０億円である。

電源三法交付金は、原発立地自治体で安全への不安から反対運動が起こったときに、原発立地を円滑に行うために「迷惑料」を支給する仕組みとして作られた。この交付金を使って原発立地自治体およびその周辺で、文化教育施設、スポーツ施設、道路などの公共施設の建設に当てられた。しかも、原発の立地は他に大きな産業がなく財政難の過疎地域で進められ、ぜいたくなハコモノ施設がどんどん作られていった。さらに、地元の中小の土木・建設業者が工事の一部を受注し、地元の雇用も一時的に確保された。しかし、原発が運転を開始し、工事中の賑わいもなくなると、過疎の町村は財政難になり、「この町村にもう一基の原発を」という空気が自然に起こってきた。原発の増設については、用地問題は解決し、漁業問題も上積み程度で良いことから比較的スムーズに進むことになる。

政府は、こうした地元対策を行った上で、エネルギー自給率の向上、原発の環境適合性、原発の経済性を理由に、原発の推進体制を作っていった。

3　日本における原発推進の論調

2011年3月のフクシマ事故を受けて、声高に増原発をいう声は少なくなったように見える。しかし、条件付きながら、日本の将来は原発なしには考えられないという意見が多いのも事実である。

松井賢一氏は、『福島原発事故を乗り越えて』（エネルギーフォーラム新書　2011）において、長期的には原子力が本命であるとしている。その理由として、①世界で多くの国が原発建設に乗り出している。②軽水炉の改良に加え、小型炉、トリウム炉、高温ガス炉などの開発がなされ、高速炉を含めた核燃料サイクル確立のための研究が進んできた。③原発と水素またはマグネシウム生産を結びつけた利用コンセプトの展開を挙げている。氏は、特に②のトリウム炉の利点について言及し、アメリカのオバマ大統領が核不拡散の視点からトリウム炉の導入に関心を示し、2012年度の予算にもこの炉関係の予算が計上されていることを紹介している。

武田邦彦氏は、『原発大崩壊　第2のフクシマは日本中にある』（ベスト新書　2011）の中で、日本の原発の問題点を厳しく指摘した上で、自然エネルギーは本命にはならないから、当面は石炭火力が頼りで、なおかつ「安全な原発を作って行くしかない」と述べている。

クライン孝子氏は『なぜドイツは脱原発、世界は増原発なのか。迷走する日本の原発の謎』（海竜社　２０１１）の中で、フクシマ事故を引き起こした悪しき日本の構造について厳しく指摘した上で、ドイツとの違いを分析し、さらに日本は原発とどう向き合うべきかを述べている。氏は日本の即時の「脱原発」は性急過ぎて不可能だという。その理由として、日本の原発は半世紀余りの歴史があり、世界第3位の原発所有国で、なおかつ原子力は唯一日本が自足可能なエネルギーだからだとしている。そして、原発の危険性を国民が恐れて神経質になり、方向性を見失っている時こそ、リーダーはできることとできないことをきっちり仕分けし、将来の「脱原発」へと国民を導いていくべきだとしている。

池田信夫氏は『原発「危険神話」の崩壊』（ＰＨＰ新書　２０１２）で、原子力を特別扱いしないで、他のエネルギーと同様に扱うことが必要であるとする。安全基準も、石炭火力などと同様に考え、大気汚染や採掘事故などのリスクも勘案して比較すべきである。フクシマ事故があったからと言って現状において原発はすべてだめというのは早計である。軽水炉とまったく違う新しいタイプの原子炉に有望なものがあるという。例えば、ＳＭＲ（小型モジュラー炉）では、出力が20万kWと従来の1／5ほどである。部品がモジュール化されていて大量生産でき、トラックで運んで組み立てるだけで建設できる。ＳＭＲの特徴は緊急炉心冷却装置のような安全装置がなくても、炉内の温度が上がり過ぎると自動的に運転が止まる受動的安全装置をつけたことである。池田氏は他に、超高温ガス炉、熔融塩炉、ガス冷却高速炉などの新しい炉の特徴として、閉鎖系燃料サイクルになっていることを挙げている。これは、使用済み核燃料を燃料として再利用することで核廃棄物を減らせることを利点に挙げている。

田中知氏は『クリーン＆グリーンエネルギー革命』東京大学サステイナビリティ学連携研究機構編著（ダイヤモンド社　２０１１）において、原発の特徴は、ウラン資源が世界の各国に分散していること、運転時の二酸化炭素の発生がないこと、発電コストが火力発電並みであることを挙げている。安全性、核不拡散、核セキュリティの国際的枠組み作りを前提に、原子力立国を目指すべきであるとしている。そして、高速増殖炉、プルサーマルの導入、再処理工場稼働による核燃料サイクルの確立、既存の原発の寿命延長などに取り組むべきであるとしている。

藤沢数希氏は、『「反原発」の不都合な真実』（新潮新書　２０１２）の中で、反原発の人たちは「原発は危険だ」と主張しているが、ＷＨＯのデータなどでみると、原発よりも火力発電の方がはるかに危険だと言っている。１TWhの発電当たりの事故や大気汚染による死者は火力発電が21人、水力発電が１・４人、太陽光発電が0・44人、原発が0・03人で、原発が最も安全だとしている。放射線によるリスクもタバコ、大気汚染、交通事故によるリスクに比べて格段に小さいとしている。化石燃料はやがて枯渇するし、温室効果ガスを排出する点でも好ましくない。再生可能エネルギーは補助金によって成り立っているビジネスで、しかも供給が不安定である。そういう点でも原発の利用が望ましい。AP1000と呼ばれる第三世代軽水炉に加えてモジュール化できる小型原子炉、トリウム炉などの安全性と経済性に優れた次世代原子炉が開発されており、それらに期待すべきだという。

古川和男氏は、『原発安全革命』（文春新書　2011）の中で、福島原発事故後「原発を全て止めてしまおう」という声が起きているが、平常時で日本の30％の電力が原発からの電力で、一時的の計画停電でさえ市民生活が大いに混乱したのにこれをすべて止めてしまうと日本の社会は立ち行かなくなるとしている。氏は、福島原発は軽水炉だから事故を起こしたが、トリウム熔融塩炉（トリウム炉）という安全、経済的で、かつ核兵器に転用されない、核燃料サイクルや廃棄物処理も解決可能という革命

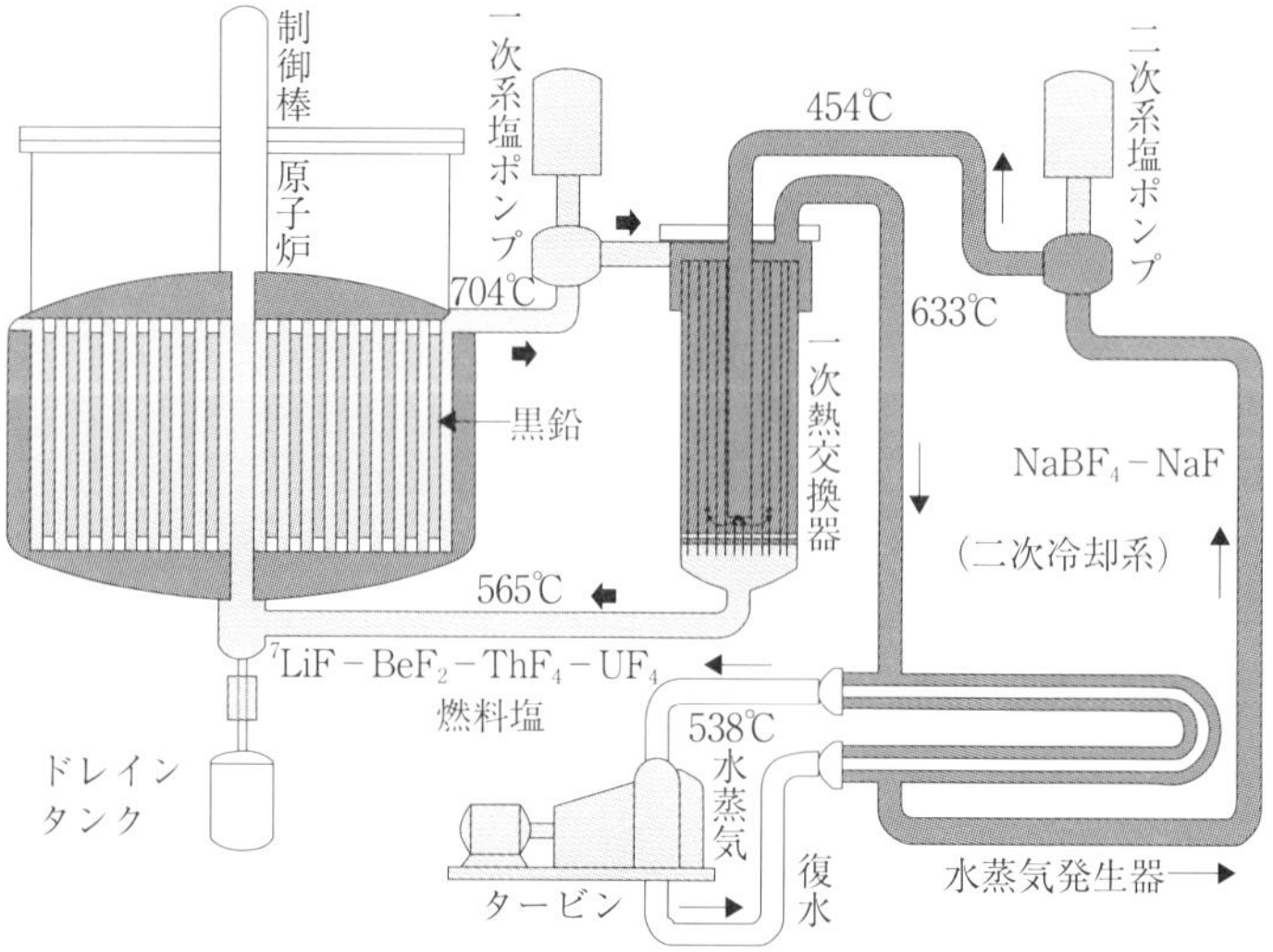

図２　熔融塩炉　全体構成
出典：NPO トリウム熔融塩炉 HP
注）復水器は省略

的な炉を提案したいと述べる。核燃料が液体（熔融塩）であることなどから化学工学的に核燃料を輸送が容易に可能であること、電源が失われるなどの不測の事態でも重力によって燃料塩を下のドレインタンクに落下、排出されるので安全性が高いとしている。さらに、トリウム炉では燃料利用率が高く、出力の調節が容易であり、炉の構造・運転・保守が単純かつ簡単であり、20～30万kW程度に小型化でき、需要地の近くに立地が可能でコストが非常に安くなることが期待できるとしている。さらに、プルトニウムなどの核燃料廃棄物がほとんど発生しないし、加速器熔融塩炉増殖炉（加速器と熔融塩炉を組み合わせたもの）では、従来の原発で発生した使用済み核燃料の消滅処理をすることができるとしている。この方式の炉は、アメリカのオークリッジ国立研究所で実証研究が行われたが、科学的な理由ではなく、政治的な理由で開発が事実上ストップしているので、古川氏は今後国際共同研究などでこの型の炉を開発すべきであるとしている。

亀井敬史氏は、『平和のエネルギー　トリウム原子力Ⅱ』（雅粒社　２０１１）の中で、トリウム炉の利点を紹介し、この炉を取り巻く世界の情勢について紹介している。中国が特にトリウム炉に強い関心を示している。中国は13基の原発を所有しているが、人口・産業が集中する沿岸部に集中している。今後内陸部・西部の経済発展を促すため冷却水がなくても稼働が可能な小型の原発が多数必要であるが、それにはトリウム炉が最も適していると亀井氏は述べている。中国は２０１１年初めにトリウム炉の開発の意向を表明した。その背景には超強力磁石、液晶ガラス基板研磨剤、蛍光体（テレビ、蛍光灯、ＬＥＤ）、ＤＶＤ、ＣＤ、Ｂｌｕｅ‐ｒａｙ Ｄｉｓｃなどの記録層、自動車用排気ガス浄化触媒などのハイテク製品を作るために必須なレアアース（希土類元素）を世界で90％以上中国が製造している。その輸出制限が日本でも話題となったが、中国はレアアース鉱石の精錬過程で、放射性物質であるトリウムが分離されるが、その処理・処分に困っているという事情がある。もしトリウムの有効活用が図れれば、レアアース生産現場の環境汚染対策になり、かつ自国資源でのエネルギー生産が可能になる。インドでも同様の事情がある。インドも経済発展が著しく莫大なエネルギーが必要であるが、自国ではウランを産出しない。インドの原子力は重水炉といわれるもので、さらに高速増殖炉も開発している。次の段階ではこれらの炉で発生したプルトニウムとトリウムを使って発電することを考えているという。インドにはトリウム資源があり、トリウム炉の開発が可能になればウランを輸入することなく、エネルギー生産が可能になる。アメリカはインドに原子力の援助を約束しているが、これはトリウムを使って発電するのであれば、核武装に必要なプルトニウムを生み出さないからであるとされる。さらに、亀井氏は使用済み核燃料や生成してしまったプルトニウムの消滅処理にトリウムの有効活用が図れるとしている。

これら以外でも、原発推進の声は電力会社はもとより東芝・日立・三菱重工をはじめとする産業界や経済産業省を中心に強固にある。彼らは世界における増原発の流れに乗って原発ビジネスの拡大を図っている。韓国企業グループが２００９年にアラブ首長国連邦（ＵＡＥ）の１４０kW級原発４基を一括受注したことに刺激され、日本でも原発の輸出に乗り出そうとしている。

これらの論調についての筆者の意見は、次章で述べることとしたい。

第4章 日本の原発はいかにあるべきか

1 全炉直ちに停止・廃炉ではなく段階的廃炉へ

第2章で述べてきたように、反原発の考え方のほとんどに筆者は賛成である。ところが、すべての原発を直ちに止め、廃炉にすべきだという意見に関しては賛成できない。

原発はいかにあるべきかを考えるに当たって考えるべき点は、①安全性、②経済性、③代替エネルギーとの比較、④社会的影響、⑤環境に及ぼす影響などである。

経済性については、経済産業省2008年版エネルギー白書による発電方式別コストは、1kWh当たりにすると、水力で8・2~13・3円、石油で10・0~17・3円、天然ガス（LNG）で5・8~7・1円、石炭で5・0~6・5円、風力で10~14円、太陽光で46円、原子力で4・8~6・2円となっていた。

フクシマの事故を受けて、２０１１年12月13日、政府の内閣府国家戦略室のコスト検証委員会が試算し直した結果によると、石炭が9・5〜9・7円、天然ガスが10・7〜11・1円、地熱が8・3〜10・4円、陸上風力が9・9〜17・3円、原発が8・9円以上となっている。ここでの原発のコストには事故を起こした原子炉の廃炉や除染に必要な費用、立地交付金などが上乗せされている。原発のコストが石炭火力や再生可能エネルギーである水力、風力、地熱とほぼ同等またはそれ以上であるということは、新しく原発を建設する必要は少なくとも経済的にはないということになる。ましてや、一度原発事故を起こすと莫大な被害を及ぼすリスクや使用済み核燃料の処理・処分の問題を考えると原発の新規建設は止めるべきである。

ただ休止中の原発再稼働を認めるかどうかに関しては、少し事情が異なる。原発再稼働の場合は、建設コストがかからないから経済的には有利な上、当面の電力の需要と供給のバランスが逼迫することに伴う社会的諸問題、環境問題などを考慮する必要があるからである。

原発再稼働を認める場合は、安全性を確保することが条件である。フクシマの事故を反省し、事故を二度と起こさないような体制が必要である。

そのためには、①炉心溶融に至るような過酷事故や大津波を想定していない従来の安全基準を改訂して、新しい安全基準で原発の安全性を確認すること、②地震の想定を日本全国どこにおいても東日本大震災と同程度に設定し、津波防波堤の設置、冷却用海水取水ポンプの防護、各種非常用電源の適切な配置、ベントシステムの適切な配置、災害対応ロボットの設置、汚染水浄化装置の開発などを含むあらゆる対策を講じること、③原発の現場においてフクシマ事故相当の規模の事故を想定した訓練を徹底的に行うこと、その際、指揮命令系統と権限範囲などを明確に決めておくこと、さらに非常時のマニュアルや住民の避難誘導計画を整備しておくこと④それらの対策をとった上で、原子力規制委員会が再稼働の可否を審査し、必要に応じて是正勧告を行う、⑤それで可と判定されたら、原発の再稼働に関する地元説明会を行うこと、⑥地元市町村長や知事が原発の再稼働の可否を判断するような手続きが必要だと思う。筆者は、そういう条件が満たされた場合は再稼働を認めるべきだと思う。

２０１２年10月現在、政府は関西電力の大飯原発３、４号機を再稼働させている。大飯原発は前述の条件を満たしていないので、筆者は、再稼働させるべきではなかったと考える。なるべく早く、上記の条件を満たすようにするべきである。

これに対して、反原発の方からは、「危険な原発をなぜ再稼働させるのか？」という反対意見が出てきそうである。それについては、原発の再稼働にはある程度のリスクがあるのは承知の上ではあるが、日本の今の現状を総合的に考える時、原発の再稼働は必要であると考える。その理由を以下に記す。

①原発に代わる電力源の主要なものは、火力発電である。火力発電でも事故の危険性がある。一例を示すと、１９８７年５月26日東京電力大井火力発電所で爆発炎上し作業員４名が死亡し、２名が重軽傷している。原発の安全性の問題も、火力発電などと同様に、大気汚染や採掘事故などのリスクも勘案して比較すべきである。そういうリスク評価を世界保健機関（ＷＨＯ）が行ってい

るが、それによると、ここ数十年の間における1TWh（10億kWh）当たりの発電に対する事故による死者は、石炭火力が161人、石油火力が36人であるのに対して原発は0・04人にすぎない。ここで、石炭火力の死者は主として採掘時の事故による。それ以外に石炭火力や石油火力の場合は、大気汚染による死者が多い。原発の死者は主としてチェルノブイリの事故による。このデータからは、原発の方が火力発電よりも危険がむしろ少ないと言える。ただ原発の事故の場合は、フクシマ事故の例が示すように、死者が出なくても放射線に対する問題のために、避難生活を強いられたりするし、風評被害も大きいので、より厳しく見る必要がある。いずれにしても、現代社会は何をやるにしても、リスクを覚悟の上で行動せざるを得ない点が多い。リスクゼロを求めれば、原発だけでなく、火力発電も認められないし、自動車にも飛行機にも乗れない。問題はリスクとメリットのバランスであろう。あらゆる点を総合的に考慮し、それを採用するかどうかを判断していかねばならない。安全対策を十分講じた上で原発の再稼働を行って欲しいものである。

②夏の猛暑の時期や冬の極寒の時期には電力使用量が供給力の90%を超えることが度々ある。そういう時期に火力発電所、変電所、送電系統で何らかの事故があれば、たちまち大停電になる可能性が高い。

③夏の猛暑や冬の極寒の時期に大停電になった場合に、経済的な損失が発生することはもちろんであるが、人工呼吸器など電気によって生命の維持を保っている患者などの場合は生命の危機が迫

る。自家発電機を持っていない病院や個人の家庭では特に危機が深刻である。自家発電機を持っている場合でも燃料切れなどが心配である。また、夏の猛暑の時期にはエアコンが使えないことによる熱中症による生命の危機が懸念され、冬の極寒の時期には持病を持つ人の寒さによる病気の悪化などが懸念される。

④原発をすべて止めた場合には、電力需要と供給のバランスが非常に逼迫するのは明らかである。その場合に、企業は突然電気が止まった時のリスク（2011年の夏、韓国で起きた）を恐れて特に製造業などは国内での生産を止めて海外に生産拠点を移す動きがすでに加速している。製造中の停電は製品がすべてだめになることを意味し、その損害は計り知れない。製造業の海外移転の理由は円高だけではないのである。製造業の海外移転が進めば国内産業は空洞化し、国内での雇用は深刻な影響を受ける。

⑤2011年の夏、東京電力管内の大口利用者に対して法律に基づく15％の節電要請がなされた。これは15％の節電が守れないと罰金が課せられるということである。主として製造業にとっては電気を急に止めると莫大な損害が出るし、かといって15％の節電が守れないと罰金が課せられるので非常用の自家発電装置を買わざるを得ない。自家発電装置の購入に費用がかかるし、それを稼働させると燃料費が余分にかかる。いずれにしても大きなコストアップ要因である。特に中小企業にとってはその打撃は大きい。

⑥2012年10月現在、原発が2基しか動いていないので各電力会社は火力発電所の増設で対応し

ている。その結果、燃料費が増加したということで各電力会社は値上げ申請を計画している。これまで原子力で賄っていた電力をＬＮＧの火力で賄うことで、電力コストが約２割上昇するという。これによる損失は、東京電力で約1兆円、全国で３兆円になると試算されている。政府は各電力会社に合理化努力を厳しく要請して値上げ幅を圧縮して欲しいが、それには限界がある。このまま推移すれば、東京電力の借金が資産を上回る債務超過の状態になるので、政府は東京電力を実質国有化する方針である。原発がすべて止まれば、国家賠償の割合が増えるか、電気料金を値上げするかの選択にならざるを得ない。いずれにしても、国民の負担が増えることになる。

⑦二酸化炭素の放出削減の国際公約、京都議定書の約束期間（２００８〜２０１２年）が２０１１年12月の地球温暖化交渉（ＣＯＰ17）によって延長が決まった。この交渉には日本が積極的な役割を演ずることができなかった。日本の現状は、京都議定書の約束すら守るのが難しい状況にあるからである。地球温暖化の原因として温室効果ガスが主因ではなく太陽の活動が主因だと主張する科学者もいる。筆者もその可能性は否定できないとは思う。しかし、二酸化炭素をはじめとする温室効果ガスが赤外線領域に吸収域を持っていることはどの科学者も認める事実であるので、温室効果ガスが地球温暖化に少なくとも一定程度寄与していることは疑いの余地はない。日本が二酸化炭素の放出削減の頼みの綱としてきたのが、稼働中には（原発の建設などには電力を使うので二酸化炭素を発生する）二酸化炭素を放出しない原発である。さらに、鳩山元首相が打ち出した「２０２０年までに二酸化炭素の排出を25％削減」が２０１２年現在、政府の自主目標

となっている。再生可能エネルギーの利用が未知数の現状で、それを原発なしに達成するのは非常に困難だろう。達成できないにしても、看板を下ろすにしても、日本の国際的信用失墜は免れないと考えられる。

⑧ドイツが脱原発を決定したではないか、ドイツでそれが可能であれば日本でもそれができるではないかという意見もあるかと思う。しかし、ドイツでできれば日本でもできると簡単に判断することはできない。ドイツではかなり以前から風力発電などの再生可能エネルギーの開発・普及に取り組んでいて現在でもかなりの比率で電力の需要を満たしている。さらに、ヨーロッパ内でお互いに電力を融通し合うシステムが確立している。電力不足が生じそうな場合は、例えばフランスなど電力供給に余裕がある国から電力を輸入することができる。それに比べて日本は島国で周囲の国々との間でそのような協力関係がないばかりか、国内においても東西で電気の周波数が違うなど、地域間ですら容易には電力の融通ができない状態にある。ドイツでは脱原発を決定したが、2022年までにという猶予期間を設けている。

⑨日本にはすでに54基の原発がある。これをすべて止めるとすると、福島第一原発はいうまでもなく、正常に運転を停止した原発も原子炉の解体や使用済み核燃料の処理・処分を行わねばならない。これらの業務は技術開発が必要な部分もかなりあるが、多額の費用がかかるにもかかわらず利益はまったく生み出さない。さらに、反原発の動きが強まり原発を嫌う動きが強まれば、利益を生み出さない業務から逃げ出す研究者や技術者が出てくることも予想される。特に優秀な研究

者や技術者は、原発推進国からスカウトされる可能性がある。最悪の場合には、危険な原子炉や使用済み核燃料が安全でない状態で放置される可能性もある。そうならないための施策を政府や電力会社の経営者に求めたいが、性急な反原発の動きにはそのような危険を伴うことを考慮しなければならない。脱原発を決定したドイツ、スイス、イタリアでは、原発停止までに一定の猶予期間を置いているのもそうした配慮もあるものと考えられる。

⑩「原発の増設および再稼働は、経済的理由がほとんどである。例え貧しくとも、命と暮らしを守る方が重要ではないか」という反原発の立場からの意見がある。

原発を再稼働させるかどうかという問題は、政府の重要政策課題のうちの一つである。政府の扱う政策の中で、薬害被害者への補償問題、児童虐待対策、保育所不足の問題、雇用対策、難病対策、生活保護――どれも命と暮らしに直結する問題であるが、どれ一つをとってみても政府の予算、すなわち経済的問題に関係しない問題はない。したがって、原発を再稼働させるかどうかに当たって、経済的問題を軽視するわけにはいかない。

池田信夫氏は『原発「危険神話」の崩壊』（PHP新書　2012）で、「経済より生命を優先」という反原発運動の主張に対して、それならなぜタバコの禁止を主張しないのだろうかと述べている。フクシマ原発事故では一人も死者を出していないが、タバコによって日本で毎年10万人以上（WHOの調査では全世界で毎年約540万人）の人が死んでいる。リスクをゼロにするには、自動車も飛行機もタバコも禁止し、石炭火力も石油火力も止めねばならない。原発をすべて止め続けたら、毎年数兆円の損害が出て企業は海外に逃避すると述べている。

「今すぐにでも原発をすべて止められる」という人がいる。そういう人は今まで述べてきたような現実を総合的に考慮した上であるかどうかが問われねばならない。十分な準備なしにそれをやれば日本経済に深刻なダメージを与え、ひいては日本社会が危機に瀕する。

筆者は、十分な安全対策と厳重な審査をした上での原発の再稼働は認めるが、今の原発（軽水炉）の新規増設を認めるべきではないと思う。そうなると、軽水炉は段階的に減少し、やがて無くなることになる。問題は廃炉の時期とその基準である。フクシマ事故の前までは、廃炉の時期を60年までに伸ばす意向が電力会社や経済産業省などにあったようだが、フクシマ事故を受けて、政府は原則40年で廃炉にする方針のようである。それでも、古い原発は事故の確率が高くなるので30年を経過した原発は再稼働させる場合のチェックをより念入りに行う必要がある。

政府は2012年9月14日「2030年代に原発稼働ゼロ」を目指す新しいエネルギー政策をまとめた。これは、「2030年までに新たに原発14基を造る」とした従来の原発政策を大きく転換したものである。今後、再生可能エネルギーに積極投資するなど評価できる点もあるが、着工中の原発の稼働を認めたり、使用済み核燃料の再処理は継続するなど矛盾点もある。政府の計画には工程表が伴っておらず、政権が代われば方針が変わる可能性もある。今後の推移を見守りたい。

2　将来につけを残さない原発の在り方をどう構築するか

今までの原発の稼働によって生じてしまったプルトニウムを含む使用済み核燃料が2010年3月現在国内に1万3000ｔもある。これをどう始末するかは、原発の推進派、反対派を問わず、避けて通れない問題である。

政府は使用済み核燃料を青森県の六ヶ所村の再処理工場に送り、使用済み核燃料の中からウラン、プルトニウムを含む混合酸化物（ＭＯＸ燃料）とし、高速増殖炉でプルトニウム239を作り出すことで核燃料を循環させる計画である。

使用済み核燃料の再処理方法はピューレックス（ＰＵＲＥＸ）法と呼ばれるもので、燃料棒を細かく砕いて酸に溶かし、ウランとプルトニウムをリン酸トリブチル（ＴＢＰ）で抽出・分離する。プルトニウムは容易に核兵器に転用可能なため、プルトニウムだけを所有することは核拡散防止条約で禁止されているのでＭＯＸ燃料とする。ＭＯＸ燃料は核廃棄物として処分するほかに使い道はあまりないものであるが、高速増殖炉の炉心で燃やすことでそれらを有効利用しながら、不要なウラン238から次の高速増殖炉用の核燃料であるプルトニウム239を作り出すことで核燃料を循環させる「核燃料サイクル」を実現する計画である。

ところが、高速増殖炉「もんじゅ」は長い歳月と1兆円を超える膨大な予算を投入しているにもかかわらず、何回か事故を起こし、実験の再開もできない状況である。「もんじゅ」は、技術的にも水と爆発的に反応する金属ナトリウムを冷却剤に使うなど問題点が多い。高速増殖炉の実用化目標が当初予定から大幅に遅れて、２０１２年現在では、２０５０年になっている。後に述べるように、２０５０年頃には再生可能エネルギーがかなりの割合で貢献してくるはずで、その頃に高速増殖炉の実用化のめどがついたとしてもあまり意味がない。高速増殖炉の研究開発をなるべく早く中止すべきである。

高速増殖炉の研究開発が遅れているので、プルトニウムを含むＭＯＸ燃料の在庫が増加してきた。こうした状況を何とかしようと、政府や電力業界では現存の軽水炉でＭＯＸ燃料を使うプルサーマルを実行しようとしている。第1章の2で述べたように、ウラン燃料を用いるとプルトニウム燃焼による発電量の寄与率は30％程度であるが、プルサーマルではそれが50％以上になる。プルサーマルの利点は、従来の軽水炉のままで運用が可能で高速増殖炉の実用化を待たずに、再処理された核燃料（プルトニウム）の消費が可能になること。これにより、資源の有効利用が図られるだけでなく、エネルギー自給率を高めることができること。さらに、余剰のプルトニウムを持たないという国際公約を守ることができることなどが挙げられている。欠点としては、プルサーマルの安全性がウランを燃料とする運転に比べて劣ることが挙げられる。プルサーマルでは、現在の原発で使用するにはＭＯＸ燃料を１／３以下にする必要があり、燃料構成はウラン燃料とＭＯＸ燃料をまだら模様に配置する。その場合、ＭＯＸ燃料中のプルトニウムが中性子を吸収しやすいために、原子炉の運転や停止を行う制御棒やホウ酸の効きが低下する。一部の燃料棒のみにMOX燃料を入れるため燃え方にムラが生じ、よく燃えるところの燃料棒が加熱・破損しやすくなる。水蒸気管破断のようにPWRの冷却水温度が低下する事故や、給水制御弁の故障のようにBWRの炉内圧力が上昇する事故が発生した場合において、出力上昇速度がより速く、出力がより高くなる（対処するために燃料体の設計および原子炉内での配置に工夫が必要）ことなどがある。全体として炉の制御が難しくなり安全余裕度が減少する。経済的には、ウラン資源の需給は安定しており、プルサーマル計画自体があまり経済的でないこと、利用できるのは使用済み核燃料のうち1～2％を占めるプルトニウムのみで、残りのウラン238は高速増殖炉が実用化されない限り、利用するあてがないことが挙げられる。だいたいプルサーマル計画自体、本来意図されたものではなく、高速増殖炉の研究開発が遅れているために、プルトニウムの処理に困って急遽浮上したものである。このように、プルサーマルには、問題点が多く、実施すべきではない。

また、六ヶ所村の使用済み核燃料の再処理もプルトニウムを遠隔操作で扱う技術的にも困難な作業が多いため、度々トラブルを起こして開発がストップしている。プルトニウムを取り出すことを含む開発は技術的にも困難だし、社会的なコンセンサスが得られない。さらに、大島堅一氏の『原発のコスト――エネルギー転換への視点』（岩波新書　2011）によれば、使用済み核燃料の再処理には11兆円もかかるという。再処理は、使用済み核燃料の直接処理に比べてもコスト的に合わないという。さらに、高速増殖炉の実用化が無理ならば、使用済み核燃料の再処理も意味がないことになる。

だいたい、高速増殖炉も使用済み核燃料の再処理も軽水炉の増設が続くことを前提に計画されているので、フクシマ事故の影響で軽水炉の増設が止まれば、その計画の前提が崩れることになる。したがって、核燃料の再処理もなるべく早く中止すべきである。

さらに、政府などが開発を進めている六ヶ所村の高レベル放射性廃棄物の処理・処分の問題がある。高レベル放射性廃棄物を球状のガラス固化体に閉じ込め、これをステンレスの容器に入れて、地層処分する計画が進行中である。地層処分は数万年を超える期間が想定されていて、その間何らかの問題が起こっても対応することが困難で、地元住民はもちろん国民の理解は得られないであろう。もしそれをやれば後世の人類に大きな負の遺産を残すことになる。したがって、高レベル放射性廃棄物の処理・処分も基本的にはこれを中止すべきである。当面は、高レベル放射性廃棄物は処理・処分を行わず、原発敷地内や六ヶ所村の施設などに中間貯蔵することが望ましい。中間貯蔵といっても安全で管理が容易な形態を工夫すべきである。

前節で、「軽水炉の新規増設を認めるべきではない」と述べたが、では「あらゆる型の原子炉を全て認めないのか？」という点になると、まだ考える余地がありそうである。

その際、考えるべき点としては、次の２つがある。

①日本はエネルギー資源の大部分を輸入に頼っていること、②すでに大量のプルトニウムを含む使用済み核燃料を国内に抱え込んでしまったことである。この始末をつけないことには原発問題は終わらない。

①のエネルギーの国産化を原発で目指すとき、安全が十分に保証されること、経済的に十分メリットがあること、かつ使用済み核燃料の問題が十分に解決可能であることが条件となる。さらに、その原発が②のすでに大量の使用済み核燃料の問題に道筋を付けられる可能性があればなお好ましい。

第3章で述べたように、注目すべき新しい型の原子炉として、古川和男氏、亀井敬史氏、松井賢一氏が述べているトリウム熔融塩炉（トリウム炉）がある。トリウム炉の利点としては、①燃料が液体（熔融塩）であるので熔融事故は起こり得ない、②電源が失われるなどの緊急時にも燃料が重力で下部のドレインタンクに自動的に落下、排出されるので安全性が高い、③燃料の成形加工がいらず、燃料利用率が高く、出力の調節が容易で、炉の構造・運転・保守が簡単で、燃料交換の必要がなく、再処理の必要性が少なく、コストが非常に安くなることが期待できる、④炉が軽水炉に比べて小型で電力の地産地消が可能である、⑤プルトニウムなどの超ウラン元素の生成が非常に少ない、⑥兵器への転用可能な核物質の生成が困難である、⑦使用済み核燃料の消滅処理が可能である、⑧放射性廃棄物の量が少ない、⑨原料のトリウムは世界に広く分布しウランの数倍はあるなどということが言われている。

筆者は、トリウム炉は軽水炉に比べて原理的に優っていることは確かだと思う。今までトリウム炉が実用化されてこなかったのは、科学的な理由ではなく、政治的な理由であった。しかし、それをこれから実用化するとなると幾多の困難とかなりの年月を要すると思われる。実際、トリウム炉の腐食（熔融塩と黒鉛との相互作用）の問題性が指摘されている。古川氏は腐食の問題は解決可能と主張しているが、実証の必要があると思われる。一方、トリウム炉を発電用の原子炉として使うのではなく、使用済み核燃料の消滅処理の専用炉として用いる選択肢もある。実際、チェコでは２０１３年からトリウム炉を作る計画で、国内にある使用済み核燃料の中にあるプルトニウムの焼却を主目的にしているという。そういうことが可能になれば、使用済み核燃料の問題も解決の方向に向かうであろう。使用済み核燃料の処理・処分方法としては、①ガラス固化して地層処分する方法、②使用済み核燃料を処理しないでそのまま処分する方法、③使用済み核燃料の消滅処理のためのトリウム専用炉を利用する方法、④トリウム炉で発電しながら使用済み核燃料の消滅処理を行う方法などが考えられる。それらの方法の技術的・経済的・社会的な評価が見えてきたときに、処理・処分を行うべきである。

いずれにしても、トリウム炉に関する実用可能性調査や研究を日本でも始める必要があると思われる。高速増殖炉「もんじゅ」や六ヶ所村で行われている使用済み燃料の再処理、高レベル放射性廃棄物の処理・処分の研究開発はなるべく早く中止にして、それらの研究開発に当たっている研究者、技術者の一部をトリウム炉の実用可能性調査や研究に振り向けるべきである。トリウム炉はアメリカのオークリッジ研究所で１９６５～１９６９年まで実証実験が行われたが、当時の研究者たちは現役を引退し、世界的にもトリウム炉に詳しい研究者がほとんどいない状況である。日本には熔融塩を扱う研究者がかなりいるし、炭素繊維など黒鉛関連の研究者も相当いる。もしトリウム炉に関する予算が付けば、日本がトリウム炉の研究に貢献できる可能性が高いと思われる。

第5章

日本のエネルギー問題はどうすれば解決するか

日本のエネルギー自給率は、1960年代には約60%で石炭が主であった。その後、石油が大量に供給されたこともあって、エネルギー自給率はどんどん下がり、2011年には原子力を含めても約18%、原子力を除くと約4%となっている。最近の世界の発電の状況をみると、資源量と価格の問題から石炭のシェアが最も多く、天然ガスがこれに続いている。

フクシマ原発事故を受けて、2012年10月現在、稼働している原発は2基のみである。原発のコストが風力、地熱発電と変わらないかあるいはそれ以上だという政府の試算があるので、原発の新規建設は認めるべきではない。そうすると、停止する原発が増えるため代替エネルギーを何に求めるかが問題となる。風力、地熱、太陽電池などの再生可能エネルギーの開発を急いだとしても、それが量的に寄与してくるのに10~20年はかかると考えられる。そうすると、2022~2032年（便宜のために2030年頃とする）までに、すぐに利用できるものとして期待できるのは電力会社の火力発電と火力の自家発電である。したがって、主として火力発電と自家発電で必要な電力を賄いながら、環境問題にも対応しようとするには、火力発電の効率向上と節電が必要になる。

火力発電用燃料としては、石油、石炭、天然ガス（ＬＮＧ）がある。このうち石油は価格が高騰してしまい、発電用の燃料としては競争力を失ってしまった。ＬＮＧはコストの点からも二酸化炭素の発生割合が最も少ないので地球温暖化の観点からも最も期待がかかる。ＬＮＧと石炭火力発電は、コンバインド発電などによる高効率化と環境負荷の低下が急務である。

自家発電は、大型火力発電所もあるが、多くは小型の火力発電である。小型である割には燃焼温度が高いものが多く比較的に効率が高い。さらに、高い廃熱温度を利用して温水を供給するコジェネレーションシステムとしても期待される。自家発電も燃焼温度をさらに高くするなどの効率向上が必要になる。今まで自家発電の供給能力がかなりあるにもかかわらず普及が進まなかったのは、電力会社の送電設備の利用料金が高かったためである。これに関しては、発電と送配電の分離など制度上の改革も求められる。

さらに、賢い節電は、現在必要不可欠と言ってよく、これによって原発停止の影響を最小限に抑えることができ、地球環境問題の解決にも寄与できる。

風力、地熱、太陽電池、マイクロ水力発電、バイオマスエネルギーなどの再生可能エネルギーが量的に寄与する速度を上げるためには、コストの低下が必須で、効率の改善、寿命の延長、量産技術の革新、立地の問題解決などを含めた技術開発や総合施策が必要である。そのためには、思い切った投資を行うことが必要である。北澤宏一氏は『日本は再生可能エネルギー大国になりうるか』（ディスカヴァー・トゥエンテイワン　２０１２）において、当面原子力発電分を化石エネルギーで置き換えるが、再生可能エネルギーを最大スピードで取り入れ、２０２０年に原子力発電分の半分を再生可能エネルギーで賄うためには、毎年５兆円の投資が必要であると述べている。

これらの施策を総合的に行っていけば、原発事故によって危機を迎えた日本のエネルギー問題は解決の方向に向かうであろう。この章では、２０３０年頃までを見据えた日本のエネルギー問題の解決方法について考えてみたい。

１　火力発電の高効率化

火力発電の種類には、汽力発電、内燃発電、ガスタービン発電、コンバインドサイクル発電がある。汽力発電は、ボイラーなどで発生した蒸気によって蒸気タービンを回して発電する方式で、火力発電の中で主力となっている発電方式である。なお、原子力発電、地熱発電、太陽熱発電も汽力発電の中に含まれる。内燃発電は、ディーゼルエンジンなどの内燃機関で発電する方式で、始動性が良く非常用電源、携行用電源、電源車、離島の小規模発電などとして用いられる。ガスタービン発電は、高温の燃焼ガスを発生させそのエネルギーによってガスタービンを回す方式で、一般に汽力発電よりもエネルギー効率が高い。コンバインドサイクル発電は、ガスタービンと蒸気タービンを組み合わせてエネルギーを効率よく利用する発電方式である。運転・停止が短時間で容易にでき、需要の変化に対応した運転ができる。発電効率が良いので環境面からも注目され、積極的に取り組まれている方式である。火力発電は水蒸気を冷却して水に戻す復水器と呼ばれる装置に大量の冷却水に海水を利用することが多いので、海岸近くに立地されることが多い。２０１２年現在、日本における発電電力量の約70％を火力発電が担っている。

火力発電の長所は、風力発電、太陽光発電と違って安定した品質の高い電力を供給可能、ガスタービンは季節・時間的負荷変動に応じた運転が可能で、万一事故が起こっても被害は局所的なものにとどまる（ただし、台風などがオイルタンク破壊と結びつく場合、生態破壊や土壌汚染などは他の発電に比べて、大きく長期的なものになる）。短所は、二酸化炭素や燃料の種類によっては窒素酸化物・硫黄酸化物などの有害ガスを多量に排出すること、稼動に当たり大量の化石燃料を必要とし、化石燃料が値上がりすると、電気代の値上がりを招くリスクがあることである。

フクシマ原発事故を受けて、２０１２年10月現在、稼働している原発は2基のみである。その結果、代替エネルギーとしてすぐに利用できるものとして最も期待できるのは火力発電である。ところが、日本は火力発電用の燃料をほとんど輸入に頼っているので、コストの増加は避けられない。実際、天然ガス（ＬＮＧ）の国際価格が下がり気味だったのが、フクシマ事故後に日本が大量に輸入量を増やしたので上昇傾向にある。原発を停止してさらに、石炭、石油、ＬＮＧなどの化石燃料を燃やすと二酸化炭素を発生し、地球温暖化の原因となるので、使用量はなるべく少量にしたい。二酸化炭素の発生量は、1kWhの発電に対して石炭の場合が975g、石油で742g、LNGで608gである。二酸化炭素の発生量は、燃料中の水素と炭素の比が大きいほど少ないので、メタン（CH_4）が主成分であるLNGが最も少ない。したがって、地球環境の視点からは、なるべくLNGを使いたい。LNGは、1990年代よりアメリカで頁岩（シェール）層から採取する努力が実り、シェールガスが商業的に生産され、膨大な資源量が加わった。そのため価格も比較的に安定している。そういう意味では、これからの火力発電用の燃料としてなるべくLNGを使うべきである。また、地球環境の視点からは石炭を使いたくないが、必ずしもそう言えない事情がある。資源的に見ると、石油の採掘可能年数が40年、LNGが60年、石炭は200年といわれているが、褐炭を含めると400年にもなる。さらに、石炭火力は最もコストが安く、エネルギー消費の世界1位の中国が80%以上、2位のアメリカが50%以上を石炭火力に頼っている。火力発電のエネルギー効率（2008年）と発電全体の二酸化炭素排出（2009年）の国際比較を表3に示す。この表において、日本におけるエネルギー効率を100とし、これより大きい数字だとエネルギー効率が悪い。

この中で、日本が最も火力発電の効率が高いことが分かる。火力発電の効率は、中国で30%程度、日本は世界のトップで42%程度である。その場合、残りの70%、

表3　火力発電のエネルギー効率の国際比較

	日本	アメリカ	ドイツ	フランス	中国	インド
火力発電の効率	100	112	106	102	128	136
発電の二酸化炭素排出	100	133	121	23	205	249

出典：地球環境産業技術研究機構（RITE）エネルギー効率の国際比較

58％程度が無駄な熱として捨てられているのである。日本の技術が世界の地球温暖化防止に貢献できる分野でもある。発電全体に占める二酸化炭素排出の最も少ないのがフランスであるが、これはフランスの発電の80％程度を原子力に頼っているためである。

それで、火力発電の発電効率のさらなる向上がテーマとなるが、高温にすれば効率が上がることが分かっている。高温にするためには、タービンを構成する耐熱合金の開発が必要で、２０１２年現在耐熱温度は６００℃程度が限界といわれているが、１５００℃以上の高温ガスに耐える材料（耐熱温度が７００℃程度）が開発されてきている。それで、発電効率が数％向上することが期待されている。さらに、発電効率を向上させるための方策として、廃熱のカスケード利用（コンバインドサイクル発電）がある。発電の際の廃熱温度が５００〜６００℃もあるので、それを廃熱回収ボイラーで回収して蒸気を発生して蒸気タービンを回して発電する。日本では、ＬＮＧを使った複合サイクル発電の例では60％近くの効率が得られている。耐熱合金の利用によりガスタービン発電での効率が向上すれば、コンバインドサイクル発電の効率がさらに向上することが期待できる。石炭による発電の場合は、細かく砕いて微粉炭として用いるが、効率向上のためにガス化してガスタービンを回して、ガスタービン発電をし、廃熱を利用して蒸気タービンを回して発電する方法やさらに燃料電池発電を組み合わせた石炭ガス化燃料電池複合発電（ＩＧＦＣ）の開発も進行している。そういう開発の成果を上げることが、燃料の輸入量を減らせるばかりでなく、地球温暖化防止にも貢献でき、日本のエネルギー問題の解決の一つの方向である。

廃棄物発電は、廃棄物の焼却熱により蒸気タービンを回して発電するもので、廃棄物の衛生処理、減容処理に加えて資源をエネルギーとして再利用するものである。1965年の大阪市西淀清掃工場に始まった。従来タイプのものは、加熱機の金属材料の腐食を避けるため蒸気温度は300℃以下に設定され、廃棄物発熱量も低く、発電効率も低く11～12％である。蒸気温度を上げられない理由としては、塩化水素ガス（ポリ塩化ビニルなど塩素を含むプラスチックなどの燃焼により発生）などによる金属材料の腐食のためである。発電効率を上げるには、蒸気温度を上げる必要があり、高温腐食に耐えられるステンレスなどの合金材料の選択、ボイラー構造の見直しなどが行われている。埼玉県東部清掃工場では、蒸気条件380℃、37気圧で21％の発電効率を実現し、神奈川県相模原市に蒸気条件500℃、100気圧で30％の発電効率を目指すプラントが建設され、実証試験が行われている。廃棄物は都市ゴミなどの一般廃棄物と民間事業者から排出される産業廃棄物に二分されている。2003年度末におけるわが国の廃棄物発電の設備容量は、一般廃棄物発電が134・9万kW（257カ所）、産業廃棄物発電20・4万kW（65カ所：製紙・パルプ除く）の合計155・3万kWとなっており、着実にその導入が進んでいる。なお、2010年における国の廃棄物発電の導入目標は417万kWを見込んでいる。

スーパー廃棄物発電と呼ばれる方式は、廃棄物焼却炉で発生する蒸気を他の熱機関を利用して高温化し、効率の高い蒸気タービン発電を行うものである。ガスタービンでは、灯油、天然ガスなどを燃料として、蒸気温度が非常に高く、排熱でも500～600℃の温度であるので、ガスタービンの排熱を回収し、廃棄物焼却炉で発生する蒸気を４００℃程度まで加熱して、蒸気タービン発電効率を上げている。ＲＤＦ発電は、廃棄物を破砕、選別、粉砕、成形した固形燃料（ＲＤＦ）を利用して発電するものである。取り扱い、輸送、貯蔵に優れるとともに、発熱量が高く、高温蒸気が得やすい特徴がある。廃プラスチックの中に塩素分が含まれていると有毒ガス（塩化水素、ダイオキシンなど）発生のもとになるので成形前に消石灰を加えて中和しておく。ＲＤＦは、小規模廃棄物の集中利用形態として注目されている。

2　自家発電

２０１1年3月のフクシマ事故以来、原発の停止が相次ぎ電力の供給不安が生じる状況において、自家発電の役割がクローズアップされた。自家発電の発電機には、電力会社が所有しているような石炭や天然ガスを燃料とする大型のものもあるが、多くはディーゼルエンジンとガスタービンエンジンなどを用いた小型の火力発電である。燃料は、重油または軽油が使用されるが灯油を使用することもできる。日本では産業用大口消費者の電力の３割程度が自家発電によって賄われており、石油石炭、紙パルプ、化学の各産業ではそれぞれ８割、７割、６割ほどが自家発電によって電力が賄われている。病院、放送局の社屋・送信所・中継局、鉄道などでも外部からの電源供給ができなくなったときに備えて蓄電池とともに自家発電を採用している。自家発電は、単に電力だけではなく、廃熱を利用して蒸気や温水など、熱エネルギーも同時に供給しており、その場合、総合熱効率は60％近くになっている。

１９９５年の電気事業法改正で部分的ではあるが電力の自由化がなされた。それで可能になった卸売電力に参加する独立系発電事業者（ＩＰＰ）がある。さらに、２０００年に特定規模電気事業者（ＰＰＳ）が認められて以降は、比較的大きな発電設備を持つ企業を中心に売電事業に積極的に乗り出すところも現れた。独立系発電事業者（ＩＰＰ）は、新日本製鉄、ＪＦＥスチール、住友金属工業、神戸製鋼所、ＮＴＴ、トヨタ、東京ガス、大阪ガス、昭和電工、ＪＲ東日本、日立造船、新日本石油、コスモ石油、宇部興産、出光興産、日立製作所、太平洋セメント、さらに住友商事や丸紅の子会社などの大企業が多く、フクシマ事故以来発電能力を増強している所も多い。これらの発電事業者の発電能力は、神戸製鋼所１４０万kW、大阪ガス１１０万kWなどで、これらの発電能力を合計すれば５０００万kW程度ある。そのうち相当部分を自家用に消費すると思われるが、かなりの発電余力があるのも事実である。

特定規模電気事業者（ＰＰＳ）は全国に46社あり、その最大手は、ＮＴＴファシリティーズ・東京ガス・大阪ガスが共同で設立したエネット社である。３００万kWの発電能力を持つエネット社の顧客は、官公庁、学校、スーパーなどの商業施設、オフィスビルなど７０００件に及ぶ。

六本木ヒルズでは、六本木エネルギーサービスが２０１１年３月の震災直後から、ＰＰＳとして東京電力に対して昼間４０００kW（一般家庭約１１００世帯分）、夜間３０００kWの電力を売って話題になった。発電は都市ガスを燃料とし、ガスタービンエンジン発電機が６基で能力は合計3万８６６０kWある。災害時に都市ガス供給が止まった場合に備えて、灯油で3日間は発電できるらしい。通常は六本木ヒルズ内にある森タワー、住居部分のレジデンスに加え、テレビ朝日にも冷暖房用の冷熱、給湯用などの温熱を自給している。発電と熱供給を合わせたエネルギー効率は70～80％と、大規模発電所に劣らない高効率を実現している。都心の発電所であるために「環境面の配慮は欠かせない」としてガス燃焼で生じる排ガスは六本木ヒルズの敷地内にある煙突から排出されるが、三元触媒を使った処理装置により窒素酸化物（ＮＯｘ）や硫黄酸化物（ＳＯｘ）は基準値の半分以下と少ない。災害時には街の機能維持や復旧活動においても常に電力を供給できる非常用電源となっている。

このように、自家発電の役割が増大しているが、資源エネルギー庁の統計によると、全国の企業の自家発電設備の定格出力合計は６０００万kWで、東電1社分とほぼ同規模である。自家発電の役割増大の背景には電力の部分的自由化が行われてきたことがある。これをさらに推進するためには、第6章で述べるように、電力のさらなる自由化と送配電分離を行う必要がある。現状では、電力会社が送電線使用量を高く設定しているために、特定規模電気事業者（ＰＰＳ）は電力を安く売れない。自家発電企業の中には、「電力会社の送電線を使わなければもっと安くなる」と、自社の敷地内に発電所を造り、そこから工場などの施設に送電しているケースもある。

東京電力は、燃料費の調達コストの上昇を理由に大口の電気料金を２０１2年5月より値上げした。また、2012年9月より家庭用の電気料金も値上げした。企業や自治体では少しでも安い電力を購入するために、PPSからの購入を検討している。ただ、PPSの電力供給能力には限りがあり、注文に応じ切れていないようだ。電力の自由化と送配電分離が行われれば、PPSの参入業者が増え、電力供給能力が増えるものと考えられる。また、現状ではPPSの事業者のほとんどが、火力発電に頼っているので、温室効果ガスを発生し、環境保護の観点からは好ましくない。今後は、再生可能エネルギーや燃料電池発電を用いたPPS事業者が増えるような促進策を講じていく必要がある。

3 節電

フクシマ事故の影響によって、原発の停止が相次ぎ電力供給が逼迫している今、節電の意義は飛躍的に大きくなった。もし、夏や冬の電力使用のピークに政府などが進めている節電プランが思うように進まず、需要が供給を上回った場合、大規模停電が起きてしまい、鉄道のストップ、病院での診療停止、人工呼吸器など電気を使う機器で生命を維持している病人の危機、エレベーターへの人の閉じ込め、生産活動のストップ、ATMの使用不能など金融のストップ、家庭やビルでの停電などその電力会社管内の全域で深刻な事態を引き起こす。実際、2011年の夏、韓国ではそういうことが起きてしまった。政府の節電プランは主として大口使用者に節電が呼びかけられ、一般家庭などの小口使用者には自主的な協力を呼びかけるしかない。さらに、電力供給を増やすために、急遽休止中の火力発電を再稼働させたり、企業などが持っている自家発電装置を稼働している。火力発電は石炭やLNGなどの化石燃料を使うので、大量の二酸化炭素を放出する。二酸化炭素は温室効果ガスとして地球温暖化などの環境破壊を生み出す元となっている。現在の発電は、環境破壊を生み出す火力発電と事故の危険と隣り合わせの原発が主力であることが問題である。再生可能エネルギーが電力供給の柱に育つまで節電の意義は極めて大きい。

世界における一人当たりの年間電力使用量を表4に示す。一人当たりの電力使用量の最も多いのはカナダとアメリカであるが、この二つの国は石油、天然ガス、石炭などエネルギー資源が元々豊富な国で、エネルギー大量消費型生活が定着している。特にカナダは水資源にも恵まれて水力発電も相当寄与しており、電力料金が特に安い。さらに、カナダは自国での消費だけでなく石油や天然ガスを輸出している。アメリカは、エネルギー大量消費型生活から脱却しようとはしているが、まだそのテンポは遅いようである。

一人当たり年間電力使用量第3位の韓国は、日本と同様に石油、天然ガス、石炭などエネルギー資源の大半を輸入に頼っているが、国策によって電力料金を非常に安く抑えているため一人当たりの年

表4　主要国における一人当たりの2008年の年間電力使用量（kW／人・年）

カナダ	17,503	イギリス	6,067
アメリカ	13,647	イタリア	5,656
韓国	8,853	中国	2,453
日本	8,072	ブラジル	2,232
フランス	7,703	インド	566
ドイツ	7,148		
ロシア	6,443	世界平均	2,782

出典：IEA 2010年統計

間電力使用量が多くなっている。

　表５に世界各国の２００８年の電力消費の内訳を示す。表５から分かるように、日本の家庭での電力使用量は、世界平均よりもやや多い程度である。中国、韓国での電力使用量は産業用が多い。

　産業用だけの省エネルギーの度合いを比較するために、業種別のエネルギー効率（同じものを生産するためにどれだけのエネルギーを使っているかの指標）の国際比較を日本のエネルギー効率を１００として表６に示す。なお一部の業種でドイツのデータがないため、西欧のデータで代用した。また、比較の年度は２０００～２００９年で業種によって異なっている。

　表６より、産業用に関しては日本が最も省エネルギーが進んでいるといえる。ということは、表５を合わせて比較すると日本の家庭用のエネルギーの省エネルギーの度合いがフランス、ドイツ、イギリスよりも相当劣ることになる。このことは、日本において、今後節電を行う

表５　世界各国の2008年の電力消費の内訳（%）

	鉱工業	運輸	サービス業（公私共）	農水産	家庭	その他
アメリカ	24.0	0.20	35.0	0.00	36.2	4.59
カナダ	36.0	0.81	30.0	1.86	31.0	0.00
ドイツ	46.1	3.14	22.6	1.66	26.5	0.00
フランス	32.6	3.06	25.0	0.91	35.9	2.57
イギリス	33.2	2.47	28.6	1.19	34.5	0.00
日本	31.5	1.95	36.4	0.09	29.8	0.23
中国	67.8	1.05	5.4	3.12	15.5	7.19
韓国	51.0	0.55	32.5	2.06	13.8	0.00
インド	46.4	1.93	8.0	17.9	20.7	5.05
全世界	41.7	1.60	23.4	2.53	27.4	3.43

出典：IEA ／ OECD

余地がかなりあるということを示しているように思われる。もっとも省エネルギーの度合いが西欧に比べて相当劣るとは言っても、日本でのトイレのウォシュレットの普及などは日本に特徴的なもので、多少電気を使っても快適性や衛生上の点からは好ましいと言える。日本で節電を行う方法は後に述べるようにたくさんあると思われる。

表７に日本における１世帯当たりの１カ月の電力消費量の推移を示す。

表７から見ると、１９７０～２０００年にかけて電力消費量の伸びが著しい。これは、さまざまな電気製品の普及に伴うものと考えられる。ところが、２０００～２００９年にかけて電力消費量が飽和または減少傾向を示している。これは、各世帯の節電が進んだというよりは、一世帯当たりの人数が減ったためと考えられる。事実、この期間に人口がほぼ横ばいなのに対し世帯数が増加している。２０００～２００９年のデータより、１世帯当たり１日に平均10kWh程度使っていることになるが、自分の家庭ではこれ

表６　業種別のエネルギー効率の国際比較

	鉄鋼	化学	製紙	セメント	鉱業
日本	100	100	100	100	100
アメリカ	130	109	194	155	154
ドイツ	112	111	116	116	133
中国	123	103	—	159	—

出典：地球環境産業技術研究機構（RITE）エネルギー効率の国際比較 2009 年 10 月

表７　１世帯当たりの１カ月の電力消費量（単位 kWh ／口）

1970 年	1975 年	1980 年	1985 年	1990 年	1995 年	2000 年	2005 年	2009 年
116.8	168.4	185.0	212.7	252.4	291.2	303.1	304.7	283.6

出典：「原子力・エネルギー」図面集 2011 1-25

に比べて多いか少ないか、これを節電によってどこまで減らせるか、考えてみたいものである。

節電を行うことの意義は、①節電によって電気代が安くなる、②夏や冬の電力需要のピーク時に大規模停電のリスクを軽減できる、③環境破壊の元となっている二酸化炭素の放出を少なくできる、④国民に節電意識が広まれば、事故の危険と隣り合わせの原発の増設を防ぎ、原発の減少または全面停止も可能となる、⑤原発の停止によって電力の需要と供給のバランスが逼迫してきたので、製造業を中心に工場の海外移転の動きが加速している。工場などの海外移転は産業の空洞化を招き雇用に深刻な影響をもたらす。節電の徹底により電力の逼迫が緩和すれば、産業の空洞化を阻止することに繋がる。

4 節電の具体的方法

主として家庭用（オフィス、工場なども考え方は同じである）を念頭に節電の具体的方法を述べる。２０１１年夏に東京電力管内で15％の節電の協力が呼びかけられたが、実際の節電率は大口（契約電力５００kW以上）は29％であったが、家庭など小口は６％にとどまったという。家庭での節電を今後賢い方法でなされることが求められる。今後もし家庭での節電が効果を上げれば、日本国内での多くの人の節電意識が高まることを意味し、工場やオフィスなどへの波及効果が考えられ、社会全体に与えるインパクトが大きいと考えられる。

（1）家屋の一部を省エネのものに取り替える

家の新築や増改築の時に家の構造の断熱効果を高め、エアコンをなるべく使わないで済ませることがまず考えられる。電力需要のピーク時にはエアコンの寄与率が最も高いので節電効果が顕著となる。現在の住宅・建造物では採光性の面から多くの窓ガラスが取り付けられているが、これは断熱性が悪くエアコンの消費電力が多くなる。断熱性を持たせるため、放射熱を抑える金属皮膜がついた板ガラスやフィルムを使ったり、二層の板ガラスの６〜12㎜の隙間に乾燥空気やアルゴンガスの層や真空層（これらの気体や真空層は熱伝導率がガラスに比べて桁違いに小さい）を作ったり、二重サッシにする方法である。真空断熱層を入れることは、魔法瓶と同じ原理で断熱性を持たせる方法である。また、壁、天井、床などに性能の良い断熱材を入れる。これらの方法によって夏涼しく冬暖かく過ごすことができ、50％以上の節電効果があると言われる。

（2）古い家電製品を廃棄し、新しいものに取り替える

せっかく使える家電製品を廃棄するなどもったいないと考えられるが、残念ながら節電のために非常に効果があるのがこの方法である。廃棄した製品は、ただ捨てるのではなく、リサイクルに回され、再利用するシステムが向上することを期待したい。

①発熱電球や蛍光灯などを省電力の照明に取り替える。

ＬＥＤ（発光ダイオード）照明は高価ではあるが、消費電力は発熱電球の１／５以下、寿命は

ＬＥＤ照明が発熱電球の10倍以上である。ＬＥＤは半導体のため、スイッチを入れた直後から明るく点灯するし、明るさの調整もリモートコントロールができるなど容易である。蛍光灯のＬＥＤ照明への変更も有効であるが、発熱電球ほどではない。また、蛍光灯よりもインバータ蛍光灯の方が12％ほど省エネになり、ちらつきが少ない。

②例えば15年以上経過したエアコン、冷蔵庫は新しいものに取り替える。

汎用のエアコン、冷蔵庫などはメーカー側の努力により、省エネ性能が年率数％の割合で向上している。例えば真空断熱材を用いた省エネ性能の良い日本製冷蔵庫がすでに出回っている。仮に省エネ性能が年率５％の割合で向上していると仮定して計算すると、10年、15年、20年前に買ったエアコンや冷蔵庫を新しく買い換えたとすると、電力消費量は従来と比べて、それぞれ60％、46％、36％となる。古い製品ほど取り替えるメリットが大きい。

③ヒートポンプ方式の省エネ商品を利用する。

ヒートポンプとは、熱媒体や半導体などを用いて低温部分から高温部分へ熱を移動させる技術である。ヒートポンプは、冷凍冷蔵庫、エアコンなど主に冷熱を得る機器として広く普及してきたが、近年家庭向けに自然冷媒ヒートポンプ給湯機（商品名：エコキュート）が開発され、主に高温を得る機器にも使用されるようになった。背景にはエコロジー意識の向上や二酸化炭素排出に対する意識の変化（暖房でも直接燃焼させ熱エネルギーを得るより二酸化炭素排出量が約半減する）などがある。ヒートポンプ技術は、日本が世界をリードしている画期的な省エネ技術である。日本生まれのヒートポンプ給湯機が、イギリスで年間50万台というペースで普及し始めている。ヒートポンプ式温水床暖房もある。ヒートポンプ式省エネ商品は設置コストが高いが、ランニングコストが低い。

(3) 電気製品の使い方で節電を心がける

過去の統計によると、電力需要のピークは夏で、その内訳はエアコン(53%)、冷蔵庫(23%)だそうである。冬の電力需要も同様で、エアコンと冷蔵庫の使い方が特に重要である。電力需要のピークは夏では午後の気温の高い時間帯、冬では朝と夕方である。

①夏の冷房の設定温度は28℃程度に、冬の暖房は20℃程度にする。夏は扇風機を用いれば、エアコン使用時の50%程度に電力を抑えることができる。筆者の経験によれば、乳幼児、客人などがいない健康な人が住む家庭の場合では部屋の温度が30℃程度までは扇風機で十分過ごせる。エアコンと扇風機の併用も有効である。夏冬ともに、カーテンや雨戸などの使い方による部屋の断熱効果の向上も効果がある。エアコン室外機の風通しを良くするのも有効である。冬にエアコンを使う場合は、扇風機との併用が有効である。エアコンを使っても、暖かい空気は密度が小さいので天井の方に集まり、足の方は暖まらない。部屋の隅に扇風機を置き天井中央に向けて動かせば、空気が攪拌されて、温度差が縮小する。筆者の経験では、扇風機との併用でエアコンの設定温度を2~3℃低くできる。冬は電気カーペットの下に断熱マットを敷くのも有効である。こたつ、

湯たんぽ、電気ひざ掛けの使用なども有効である。

②冷蔵庫の冷蔵室、冷凍室の調節ボタンをそれぞれ弱にする。冷蔵室の温度は5℃以下、冷凍室の温度はマイナス20℃以下であれば十分である。筆者の家の冷蔵庫で測定してみた結果（4月下旬）、弱の状態で冷蔵室の温度は3℃、冷凍室の温度はマイナス22℃であった。ただし、これには冷蔵庫にものをたくさん詰め込まないこと、扉の開閉を最小限に抑えることが前提である。冷蔵庫は季節を問わず24時間使用するので、その節電効果は大きい。

③夏は涼しい服装（通気性の良いシャツや肌着の着用、ビジネス上でのクールビズ）、団扇・扇子の使用、すだれ・暖簾の設置、打ち水・散水、壁面緑化、屋上緑化による電力削減が有効である。冬は暖かい服装（室内での靴下、ひざ掛け、カーディガンなどの上着、暖かい肌着の着用、ビジネス上でのウォームビズ）による電力削減が有効である。

④エアコン、テレビ、録画装置、音響機器などの電気製品は長時間使わない時は、なるべく元電源を切っておく。（できれば、コンセントで切る。スイッチ付テーブルタップを使えば、切りやすい。これは、待機電力をなるべく使わないため。）トイレのウォシュレット、電気ポット、炊飯器など保温機能のあるものは、生活に支障のない範囲で極力保温時間を少なくするようにする。ご飯の保存は、炊飯器で保温するより電子レンジで温め直す。

⑤コピーや洗濯などはなるべくまとめて行う。長時間使わない時は、コピー機や洗濯機の元電源を切っておく。衣類乾燥機や洗濯乾燥機の乾燥をなるべく使わないで干す。パソコンの使用は短時

間の場合は、電池のみで使用する。長時間使用しない時は元電源を切っておく。使用中も周囲の照明が十分の場合はディスプレイの輝度を下げる。パソコンの側からしばらく離れる場合はスリープ状態にしておく。

⑥夏の平日午後1〜4時、冬の平日午前7〜9時および午後6〜8時をなるべく電力の使用を避けて家電を上手に使うために、一日の家事スケジュールを立てる。

⑦電力消費は在宅時より外出時の方が大きく下回るため、可能であれば外出や旅行をする。夏の暑い時や冬の寒い時は、エアコンのきいたショッピングセンターや図書館などで過ごすのも一つの方法である。

⑧節水によって、水道代や下水道代を節約できるし、送水ポンプや上下水道施設の電力消費を減らすことができる。ゴミの始末については、可燃物ゴミに不燃物を混ぜない、生ゴミなどを出す時は、水分を極力抜いておく。これらによってゴミ焼却場の電力を節約することができる。

これらの方法は、電気製品を買い替えなくてもよいので、すぐにでも実施できる方法である。いわば、現代社会のぜいたくというか、便利すぎる面を少し賢く調整して習慣化すれば比較的容易に行える。さらに、節電を有効に行う方法には、第6章で述べるスマートメーターの設置がある。

表8に電気料金の国際比較のデータを示す。日本の電気料金は外国に比べて非常に高いと言われてきた。1999年のデータで見ると、確かに日本の電気料金はずば抜けて高い。しかし、2006年のデータで見ると、その差はかなり縮小してきている。これは、2000年より特定規模電気事業者

（PPS）が売電事業に参入した効果も寄与したとみられる。韓国とフランスでは電気料金は他国に比べてかなり安い。これは、韓国が国策によって電気料金を安く設定しているためで、フランスは電気会社が実質国営であることが影響しているとみられる。国際的にみても、日本の電気料金は安くはないのだから、節電によって、家計を助け、大規模停電のリスクを減少させ、環境にも優しい社会を作りたいものである。

戦後の日本社会は、大量生産・大量消費の文化を生み、「消費することは良いこと」という価値観を生んできた。しかし、20世紀末頃からは、「地球は有限」であり、地球環境と資源を大切にしようという認識が広がりつつある。そして、自動車の燃費向上やリサイクル運動に代表される「省エネ・省資源」の動きにつながっている。フクシマ事故と計画停電などを経験した私たちは、さらにその動きを前に進める必要があるのではないだろうか。古くから日本社会にあった「もったいない」の考え方を現代に適用して、快適な生活をなるべく維持しながら、賢く省エネを進めたいものである。

表８　1999年および2006年の電気料金の国際比較（米ドル／kWh）

	日本	アメリカ	イギリス	ドイツ	フランス	イタリア	韓国
1999年							
家庭用	0.213	0.082	0.117	0.151	0.121	0.147	0.081
産業用	0.143	0.039	0.064	0.057	0.044	0.086	0.041
2006年							
家庭用	0.179	0.179	0.196	0.198	0.144	0.198	0.118
産業用	0.117	0.109	0.111	0.077	0.051	0.174	0.071

出典：IEA／OECD

第6章 エネルギー問題の将来

第5章では、2030年頃までを想定した日本のエネルギー問題を考えてきた。この章では、さらに2050年頃までを見据えた日本のエネルギーのあるべき姿を考えてみたい。

フクシマ原発事故を受けて、政府は原発を原則40年で廃炉にすることを決定した。2012年以降新たな軽水炉が建設されないとすると、2050年頃には運転している軽水炉がほとんどないことになる。その場合、地球環境に悪影響を及ぼさない形で、いかに代替エネルギーを開発するかが問題になる。

第1に、火力発電の効率を最高度に高めた上で、その割合をなるべく減らしていくこと、第2に、再生可能エネルギーの開発を急ぎ、効率の向上、寿命の長期化などによる総合コストの低下を図り、火力発電に負けない競争力を実現すること、第3に、燃料電池発電の総合コストの低下による高効率エネルギーの普及と再生可能エネルギーとの複合利用によるエネルギー利用の相乗効果を図ること、第4に、電力の自由化と送配電分離など政策面から自家発電や再生可能エネルギーの参入を容易にすること、第5に、電気自動車などのエコカーの性能向上とコストの低下を実現し、その普及を図ること、第6に、前述のエネルギーのネットワーク化とスマートグリッドの適切な導入を図り、省エネ、高効率および快適な社会を実現することである。

1 化石燃料

(1) 石 油

石油の採掘可能年数が約40年といわれている。近年、石油価格が上昇している影響もあってエネルギー消費に占める石油の割合が減少している。特に、火力発電における石油のシェア低下が著しい。長期的には、石油を用いた火力発電は廃止が望ましい。化石燃料保存の視点から、また地球環境保全の視点からもそうである。石油は、火力発電などのように燃やして使うのではなく、プラスチック、ゴム、繊維、油脂、合成用化学薬品などの原料として使用すべきである。石油精製の際に、クラッキングの操作によって得られるエチレン、プロピレン、ベンゼン、ブタジエンなどの生成物は、プラスチック、ゴム、繊維、油脂、合成用化学薬品などの原料として貴重な資源である。石油のクラッキングの際に、重油、灯油、軽油、ガソリンなどの燃料が同時に生成してしまうが、長期的な観点からは、これらの収率をなるべく低くなるように技術開発を行うことが望ましい。しかし、これらの燃料は航空機用や非常用発電機用など２０５０年頃までを見据えたとしてもまだまだ使い道があるであろう。

(2) 石　炭

石炭による発電の場合は、現状では主として微粉炭を燃やして用いられているが、効率向上のためにはこの方法は廃止すべきである。石炭は基本的に、液化するかガス化すべきである。石炭の液化・ガス化は固体燃料である石炭を灰分、硫黄分を除去したクリーンで取り扱いやすい液体燃料または気体燃料に転換することによって幅広い利用を可能にするものである。石炭液化は石油に直接代替し得る液体燃料にする技術であり、石油を輸入に頼っている日本のエネルギー供給構造を改善し、石油価格上昇の抑止力にもなる。石炭のガス化は石炭から都市ガスあるいは複合発電システムに使用できる気体燃料を製造するものである。ガス化には、石炭を空気か水蒸気と反応させ、二酸化炭素などを除いた後、メタンや水素などの有用な燃料を得て、都市ガスや高効率の石炭ガス化燃料電池複合発電（ＩＧＦＣ）に使用する。

(3) 天然ガス（ＬＮＧ）

天然ガスによる発電の場合は、現在より高温化した複合発電で総合効率70％以上を目指すべきであろう。その場合は、発電用タービンの構成材料である耐熱合金のさらなる高温化と複合発電の技術開発がテーマとなる。

天然ガス利用に関して日本に特有の問題としては、メタンハイドレートの開発の課題がある。メタンハイドレートとは、メタンを中心にして周囲を水分子が囲んだ形になっている固体の水和物で、分子式は$CH_4 \cdot 5.75H_2O$と表され、火をつけると燃えるために「燃える氷」と言われることもある。日本近海には世界有数のメタンハイドレート埋蔵量がある。本州、四国、九州といった西日本地方の南側の南海トラフに最大の推定埋蔵域を持ち、北海道周辺と新潟県沖、南西諸島沖にも存在する。日本のメタンハイドレートの資源量は、日本で消費される天然ガスの96年分以上と推計されている。もし将来、石油や天然ガスが枯渇するか異常に価格が高騰した場合に、海底のメタンハイドレートが低コストで採掘が可能となれば、日本は自国で消費するエネルギー量を賄える自主資源の持つ国になるという見方がある。尖閣諸島近海の海底にあるとされている天然ガスなどを含めると日本は世界有数のエネルギー資源大国になれる可能性があるという意見もある。しかし、南海沖海底のメタンハイドレートは潜水士が作業できない深い海底のさらに地下に氷のような結晶の形で存在する。そのままでは流動性が無いので、石油や天然ガスのように穴を掘っても自然に噴出せず、石炭のように掘り出そうとしてもガスの含有量が少なく費用対効果の点で現実的ではない。これらの事情によって、低コストでかつ大量に採取することは技術的に課題が多い。2012年2月14日、愛知県渥美半島沖でメタンハイドレート掘削試験を日本が開始した。2013年の1～3月の期間に産出試験を予定している。商業生産に向けた技術基盤の整備は、2016～2018年度を予定として進めるとしている。

こういう技術開発の成果が出れば、メタンハイドレートは2050年頃には貴重なエネルギー資源として期待できる。

2　再生可能エネルギー

石油、石炭、天然ガス、ウランなどの埋蔵資源を利用するものは数百年もすれば枯渇することが明らかとなっており、人類が持続的にエネルギーを利用していくためには、再生可能エネルギーを開発することが不可欠である。また、日本のエネルギー自給率を向上させる意味でも再生可能エネルギーの早期開発・普及が欠かせない。

再生可能エネルギーは、古くからある水力に加えて、風力、地熱、太陽光、波力・潮流、流水・潮汐、バイオマスなどのエネルギーである。これらは半永久的に利用可能な資源量がある。技術的に利用可能な量は少なくとも現在の世界のエネルギー需要の約20倍で、2100年時点で予測されるエネルギー需要と比べてもなお数倍以上大きいと見積もられている。潜在的な資源量はさらに桁違いに大きく、技術の発達次第で利用可能な量もさらに増える。ただ、日本の再生可能エネルギーの利用の現状は古くからある水力発電を除けば、発電全体の約1%にすぎない。ドイツやデンマークの17～25%という普及率に比べて格段に少なく、今後これを大幅に向上させる必要がある。

再生可能エネルギーに関して、「自然エネルギー」や「新エネルギー」という言葉が使われることもある。「自然エネルギー」は、再生可能エネルギーと同じ意味で使われる。「新エネルギー」という言葉に関しては、2008年4月の法改正において、「再生可能エネルギーのうちその普及のために支援が必要とされないもの」は新エネルギーには含まれないことになった。例えば、揚水発電は新エネルギーとは呼ばれない。

再生可能エネルギーの利用に際しては、発電設備の低コスト化、効率改善、長寿命化などによる総合コストの低減が急務である。化石燃料を含めた発電方式別コストは、2011年12月13日の政府の内閣府国家戦略室のコスト検証委員会の試算によると、石炭で9・5〜9・7円、天然ガス（LNG）で10・7〜11・1円、陸上風力で9・9〜17・3円、太陽光で33・4〜38・3円、地熱が8・3〜10・4円、原発が8・9円以上となっている。再生可能エネルギーの中では、水力、風力、地熱がほぼ同程度のコストで、これらが火力や原子力と同程度だと見た方がよさそうである。風力、地熱が原子力と同程度あるいはそれ以下のコストだとすれば、事故のリスクの大きさを考えれば、今後原発を新設する必要はないと言ってよいであろう。

2011年3月のフクシマ事故以来、原発の停止が相次ぎ、電力の供給不安が生じる状況が続いている。こういう時にこそ、再生可能エネルギーの開発・普及に取り組むチャンスであると言える。ただ、火力と違って再生可能エネルギーは、すぐに大量のエネルギーを供給できる体制にはなく、開発のためにある程度の期間が必要である。こういう期間こそ再生可能エネルギーの開発・普及に対する政策的な後押しが必要である。政府は従来原発の増設に期待をかけ、再生可能エネルギーの開発・普及には熱心ではなかった。しかし、停止中の原発の再稼働の時期の見極めができない中、2011年8月に「電気事業者による再生可能エネルギー電気の調達に関する特別措置法」が制定され、再生可能エネルギーの固定価格買取制が法制化された。ただし、買取価格水準については法律には明記されてなく、再生可能エネルギーの急速な普及のためには買取価格が適切な水準に設定される必要がある。固定価格買取制についてはドイツの取り組みが参考になる。ドイツは1990年の「電力供給法」、2000年の「再生可能エネルギー法」、2004年の改正法と三段階で政策的な後押しが行われた。その結果、総電力に占める再生可能エネルギーの割合が1990年に2％だったものが、2010年には17％を占めるようになった。2000～2004年の間は特に風力発電の伸びが顕著で、2004年以降は太陽光発電の伸びが顕著となった。その結果、「再生可能エネルギー法」が成立して以来、36万人以上の雇用の創出と温室効果ガスの大幅な削減が実現できたという。

日本でも同様の制度が2012年7月より実施されている。その場合、大手電力会社が固定価格で一定期間、風力、水力、地熱、太陽光、バイオマスの5種類のエネルギーで企業が起こした電力をすべて買い取ることが義務付けられる。これらの新エネルギーは発電コストが割高なため、その費用は買い取る電力会社が家庭や企業などの電気料金に上乗せする。経済産業省は「調達価格等算定委員会」に諮問した上で5種類のエネルギーの価格と期間を決める。普及が進めば発電コストが下がるので、新規の買取価格は毎年見直す。その際、買取価格の設定が普及のカギを握ることになる。買取り費用が低過ぎれば、再生可能エネルギーを使った発電に参入する企業の意欲が高まらないし、高過ぎれば、電気料金の値上げにより企業や家庭の負担が重くなり過ぎる。スペインでは、買取り価格が高過ぎたために国の財政問題の深刻化の一因になったと批判されている。このように、ヨーロッパでは、価格の設定についてはいろいろ試行錯誤しているようである。

ソフトバンク社長の孫正義氏は、東日本大震災の義援金として100億円を寄付することを表明し、自然エネルギー事業を手がけるSBエナジーを設立した。SBエナジーは、2012年3月5日、大規模な太陽光発電所（メガソーラー）を群馬県、京都市、徳島県に合計4カ所に造ると発表した。固定価格買取制度の実施に合わせて、2012年7月より一部の運転開始を目指す。SBエナジーは、全国十数カ所に合計200MW規模の太陽光や風力の発電施設を建設する計画である。このうち京都市の発電所は、ゴミ焼却灰の埋め立て処分場の市有地に設け、出力は4・2MWである。京都市は初期投資が回収できるまで土地を無償で貸し出す。SBエナジーは、今後北海道や鳥取県など各地で具体的な発電所建設計画を作る予定である。

再生可能エネルギーの普及が進めばどういうメリットがあるかを以下に示す。

①化石燃料を外国から輸入する量が減るので、エネルギー自給率が向上する。

②二酸化炭素などの温室効果ガスや有害物質の排出が少ない。

③環境への影響が少ない。ただし、風力発電の場合は、低周波騒音、鳥類への影響、景観への影響がある。

④小規模分散型で、立地条件に応じて柔軟に設備を建設できる。
⑤エネルギーを需要地近くで調達しやすい。エネルギーの「地産地消」に向いている。
⑥農業との共存性があり、雇用の創出など地域の活性化に繋がりやすい。
⑦安全性が原発や火力発電所に比べて高い。
⑧兵器への転用ができず平和なエネルギーである。
⑨発展途上国への技術移転にふさわしい。

次に、再生可能エネルギーの欠点については以下の二つがある。
①エネルギー密度が低いため、大きい面積が必要である。
②発電量が気象条件などに左右されやすく不安定である。出力の変動や電力の需給ギャップを生じやすい。

これらの欠点を補う方法として、発電によって得たエネルギーをいったん電池に蓄える方法と再生可能エネルギーで発電した電気で水を電気分解し、生成した水素を使って需要地近くで燃料電池発電をする方法がある。このうち燃料電池発電を用いる方法については後に述べる。

発電によって得たエネルギーをいったん電池に蓄える方法では、日本の技術が進んでいる。日本ガイシが開発したナトリウム・硫黄電池（NAS電池）は、大規模の電力貯蔵用電池として用いられる。NAS電池は、負極にナトリウムを、正極に硫黄を、電解質にβ-アルミナを利用した高温作動型二次電池である。従来の鉛蓄電池に比べて体積・重量が1／3程度とコンパクトなため、揚水発電と同様の機能を都市部などの需要地の近辺に設置できる。また出力変動の大きな風力発電・太陽光発電と組み合わせ出力を安定化させたり、需要家に設置して割安な夜間電力の利用と停電時の非常時電源を兼用できる。ただ、現状では発電によって得たエネルギーを電池に蓄える方法はコストアップ要因になるので、電池の高性能化とコストダウンが課題である。

この章では、再生可能エネルギーのメリットをどう活かしていけばよいかを各論を通じて考えてみたい。

(1) 水力発電

水力発電は古くからある再生可能エネルギーである。水車を水の力によって回転させることで発電を行う。高いところにあるダムやため池、タンクなどから水道用水や農業用水などを利用して発電する。理論上は1㎥の水が10mの落差を流れ落ちれば98kWの水力発電ができる計算になる。水力発電は発電機出力の安定性や負荷変動に対する追従性では、再生可能エネルギーの中で最も優れているし、発電効率が80%と最も優れている。種類としては、水路式発電、ダム式発電、ダム水路式発電、揚水式水力発電などがある。このうち、水路式(流れ込み式)発電は水を貯めることができないので、ベースロード電力として用いられる。ダム式発電は貯水が可能なので、電力需要と貯水量を見比べながら必要な時に必要なだけ発電することができる。揚水式発電は、水を上げることに伴うエネルギー損失があり、他の方式に比べて割高であるが電力需要のピーク部分に対応する供給電力として用いられる。世界的に見ると、年間発電量として17兆kW時以上という大量の未開発水力地点があると言われている。世界の全電力消費量が12兆kW時程度であることを考えると莫大な資源量である。世界で水力発電量の多い国は、中国、カナダ、ブラジルの順である。日本は８番目で、日本の総発電量は２０１１年現在８・０％で、揚水を含む全水力発電の設備容量は２００８年度で48ＧＷ（ギガワット、１ＧＷは１kWの１００万倍）である。最近は、大規模ダムに対する世間の目が厳しくなっている。大型ダムは、ダムの底に沈む住民の犠牲を伴うし、決壊事故の可能性があるし、魚が川を登れなくなったり、山の栄養分が海に運ばれず漁業にも悪影響をもたらす。さらに、建設されたダムは予測より何倍もの土砂がたまり、その機能低下が著しいことが多い。

ところが２０１１年３月のフクシマ事故以来、水力発電を見直し、小型発電所を造る動きが起きている。小型発電所の中で２００kW未満の発電設備が各種手続きが簡素化されるため、マイクロ水力発電と呼ばれることが多い。マイクロ水力発電の利点は、ダムや大規模な水源を必要とせず、小さな水源で比較的簡単な工事で発電できることにある。このため、山間地、中小河川、農業用水路、上下水道施設、工場、ビル施設、家庭などにおける発電も可能であり、マイクロ水力発電の未開発地は無限にある。マイクロ水力発電は技術上の問題はほとんど解決されているものの、法的整備がほとんど手つかずとなっていた。そのため、超小型のものを除いて電気保安規制、水資源利用規制、主任技術者の選任義務などが大型発電所と同等で規制が大きな負担となっていた。しかし２０１０年３月31日より、２００kW未満の発電設備に関して、保安規定・主任技術者・工事計画届出が一部または全部不要となっている。マイクロ水力発電は、水源のある場所であれば設置が可能であるため、エネルギーの回収にも利用できる。具体的には、工場、高層ビル、病院などには、空調、用水、排水のために配管類が巡らされており、水（冷温水）が高い位置から低い位置（地下）までの高低差において循環している。その落下時の水流によって羽根車を回転させ発電を行うことで、電力としてエネルギーを回収することができる。上水道では遠くの家に水を送るために水圧をかけて配水しているが、浄水場近くでは圧力が高すぎるため減圧することがある。その圧力を使って水力発電を行うことができる。下水道では最終処理施設から河川や海域に放水するまでの落差を使って発電ができる。マイクロ水力発電は、地方におけるエネルギーの地産地消としての活用も可能である。例えば、山地から海までの傾斜が大きい富山県では、未開発の小型水力発電所の建設計画や農業用水の流れを利用したマイクロ水力発電所建設の動きが起きている。このように、水力発電の新規開発は大規模なダムを建設するのではなく、知恵を生かした小型発電所を造る方向に行くべきであろう。日本での年間の降水量が１７００㎜もあるので小型水力発電所の候補地は全国の至るところにある。地方自治体とＮＰＯ法人などとの連携などによって水力発電所の建設が促進されることが望ましい。これが成功すれば地方での雇用の確保と地方の活性化にもなる。

(2) 風力発電

風力発電は風の力を利用した発電方式のことである。開発可能な量だけで人類全体の電力需要を十分に賄える資源量があると言われている。風力発電は世界的に大規模な実用化が進んでおり、2010年は世界の電力需要量の2・3%、2020年には4・5~11・5%に達すると言われている。2010年末の風力発電の累計導入量は194GWに達し、中国が42GW、アメリカ、ドイツ、スペインと続いている。日本では、まだ2・4GWで世界で18番目と大きく出遅れている。欧州での導入が先行し、最近中国などのアジアで伸びが顕著である。政策的には、欧州のほとんどの国が固定価格買い取り制度と呼ばれる制度を軸として普及を進めている。最も進んでいるデンマークではすでに国全体の電力の2割以上が風力発電によって賄われ、2025年には5割以上に増やすとしている。日本での陸上での導入量としては、2050年までに25GWの導入シナリオが提示されている。洋上発電まで考慮すれば、合計81GW程度まで利用可能と言われている。

風力発電の出力は風を受ける面積に比例し、風速の3乗に比例する。したがって、風の強い所での立地が望まれるが、風が強すぎると風車が壊れる。上空ほど風が強いので丘などに立地される。2000kW発電用の風車の場合、ローターの直径が70m、高さが120mになる。風力発電は小規模分散型の電源であるため、離島など燃料の確保や送電コストの高い地域の電源として活用でき、事故や災害などの影響を最小限に抑え、修理やメンテナンスに要する期間を短くできる長所がある。短所は、出力電力の不安定・不確実性と、周辺の環境への悪影響（低周波振動や騒音による健康被害）の問題がある。風車のブレードに鳥が巻き込まれて死傷する問題や景観が威圧的で観光客が減少する可能性が指摘されている。逆に、風力発電所を小高い丘に建設し、隣接して公園、レストラン、ビーチ、オートキャンプ場、バーベキューハウスなどを建設して、多角的な地域活性化施設として成功している例もある。また、落雷、地震、強風などで風車が故障したり、事故になる場合がある。２００３年９月の台風では、宮古島にあった７基の風力発電機が壊滅した。これは最大瞬間風速が近辺の観測値で秒速74ｍに達し、国際規格の最高クラスの規定値（秒速70ｍ）を超えたためである。日本国内での風力発電（出力10kW以上）の累計導入量は２００７年３月時点で約１４００基、総設備容量は約１６８万kWである。１基当たりの出力を見ると、２００７年度では設備容量１ＭＷ以上の機種が大部分を占めるようになった。風力発電の立地には、台風などの被害が少ないが一定の風力が見込める地域、特に北海道や東北などが適している。ただ、北海道などには風力発電の立地に適した場所がたくさんあるが、そうした場所は住民が少なく送電の費用が多くかかるという問題点がある。その問題点を克服するために、後に述べる風力発電と燃料電池発電の複合利用がある。

陸上の風力発電の問題点を克服するために、洋上風力発電が登場した。洋上では風向きや風力が安定しているので、安定した風力発電が可能となり、立地確保、景観、騒音の問題も緩和できる。水深が浅い海域において海底に基礎を建て、大規模な洋上発電所を建設する例が各国で見られる。デンマークを中心に建設が進み、近年になって欧州全域に広がっている。水深が深い場所のために、浮体式の基礎を用いる方式も検討中である。浮体式洋上風力発電を実用化するため、環境省は日本初の実証実験を長崎県五島市の椛島沖で計画している。まず、100kW以下の試験機を設置して各種の調査を行い、2MW級の実証機の開発を目指している。環境影響評価手法の検討、基本設計などを行った結果、浮体式洋上風力発電に適していると判断され、地元の賛同が得られたことから当地が選ばれた。水深は約100mであり、浮体を設置できる。年平均風速は秒速7・0m（高度70m）であり、十分な事業可能性があるとされている。現時点でも、風力発電は100kWクラス以上であれば、火力発電などと比較したコストが同程度で、今後さらにコスト的に優位になる可能性がある。ただし、10kWクラス以下だと、1kW当たり20～30円と割高である。風力発電は一度設置してしまえば、その後は、化石燃料の価格変動による影響が少ないため、事業が安定化する利点がある。

日本では、電力会社は風力発電事業にどちらかと言えば消極的である。一方、自治体による「自治体風車」や市民グループによる「市民風車」などのプロジェクトの取り組みが進んでいる。山形県立川町は、風力発電による地域おこしに成功した最初の町である。ここは最上川を吹き抜ける風の強い地区である。1988年竹下内閣の「ふるさと創成1億円事業」の資金をもとに、「風車村推進委員会」を発足させ、1993年5月に町営の100kWの発電用風車3基を設置した。発電用風車は小高い丘にある公園地区に設置され、電気は公園内の学習施設などの照明に使われ、余った分は東北電力に販売された。立川町には、2011年現在147基の風車があり、合計出力7850kWの容量がある。立川町は特産物や観光資源もなかったが、発電用風車による地域おこしで有名になり、風車村を訪れる客は近隣の観光地を超えるほどになった。この例を含め、発電用風車による地域おこしの例が東北、北海道を中心に広がっていった。市民グループによる「市民風車」のプロジェクトとしては、生活クラブ北海道の例がある。北海道電力の泊原発の反対署名運動から出発し、生活クラブ生協の組合員の節電から得た資金、一口50万円の市民からの出資金などを元に、「北海道市民風車発電」が発足し、２００１年9月に運転を開始した。類似のやり方で、寄付金や出資金を市民に呼びかけて、ＮＰＯ法人が母体となった「市民風車発電」が他の地域にも広がっている。

東日本大震災に伴う福島第一原発事故が発生した福島県の復興支援のため、浮体式洋上風力発電所が計画されている。建設候補地は東京電力広野火力発電所の送電線を利用できるいわき市沖が有力視されている。発電機や軸受けなど約2万点に及ぶ部品の製造や、発電、建設・保守など、関連産業を誘致することを目指している。早ければ２０１３年度から2ＭＷ級風力タービン6基の建設が始まり、２０１6年までの5年間、１００~２００億円かけてデータ収集・海底ケーブル送電・系統連系などの実証実験が行われる。２０２０年までに80基まで増やすことを計画している。また、科学技術政策研究所では、深海洋上風力発電を利用するメタノール製造の提案を発表しており、沖ノ鳥島周辺、三陸沖太平洋、北海道北西沖日本海などを有望海域として、日本の全エネルギー需要を賄えるほどの大規模なシステムが実用可能であるとしている。

(3) 地熱発電

地熱発電とは、地熱（主に火山活動による）を用いて行う発電のことである。地熱によって生成された天然の水蒸気をボーリングによって取り出し（最初から蒸気の場合と、高温・高圧の熱水を減圧沸騰させて蒸気を得る場合がある）、その蒸気により蒸気タービンを回して機械的エネルギーに変換し、発電機を駆動して電気を得る。地熱発電は、探査や開発に比較的長期間を要するリスクがある。しかし、再生可能エネルギーの中でも、安定的な出力が期待できない太陽光発電や風力発電とは異なり、安定した発電量を得られる地熱発電は、ベースロード電源として利用可能である。地熱地帯では地下数㎞の所に約1000℃のマグマ溜りがある。その地帯で、地中の浸透した雨水などがマグマ溜りで加熱されて、地熱貯留層を形成することがある。地熱発電では、地熱流体をボーリングによって噴出させ、高温・高圧水蒸気を得て、蒸気タービンを回し、発電機を駆動して電気を得る。

2010年の地熱発電によって生産されている電力はアメリカ合衆国が最も多く2530GWで、その約9割がカリフォルニア州に集中している。次いで火山国フィリピンで1930GWである。フィリピンは国内総発電量の約1／4を地熱で賄っている。次に、メキシコの953MW（1MWは1kWの1000倍）インドネシアの797MW、イタリアの790MWと続く。日本において地熱発電によって生産されている電力の総容量はおよそ535MWである。2010年度の環境省による可能性調査では、理論的埋蔵量は設備量にして約33GWと見積もっている。

現在利用されている地熱発電では、ドライスチーム、フラッシュサイクル、バイナリーサイクルの

3つの方式が用いられている。ドライスチーム方式では、蒸気井から得られた蒸気がほとんど熱水を含まない場合で、簡単な湿分除去を行うのみで蒸気タービンに送って発電できる。日本での実施例に松川地熱発電所や八丈島発電所などがある。フラッシュサイクル方式では、得られた蒸気に多くの熱水が含まれているので、蒸気タービンに送る前に汽水分離器で蒸気のみを取り分けて発電する。これが、日本の地熱発電所では主流の方式である。蒸気を分離した後の熱水を減圧すれば、さらに蒸気が得られる。この蒸気をタービンに投入すれば、設備は複雑となるが、出力の向上および地熱エネルギーの有効利用が可能となる。これをダブルフラッシュサイクルという。バイナリーサイクルの方式では、地下の温度や圧力が低く、100℃以下の熱水しか得られない場合でも、アンモニアやペンタンなど水よりも低沸点の媒体を熱水で沸騰させタービンを回して発電させる。地熱流体から熱だけを取り出して流体は地下に還流するため、地下貯留層に対する影響が少ないといわれている。日本ではペンタンを利用した発電設備が九州電力八丁原発電所で採用されている。発電設備1基当たりの能力は2000kWで、設置スペースは幅16m、奥行き24mとコンビニエンスストア程度の敷地内に発電設備が設置されている。日本国内にはバイナリー発電に適した地域が多く、全国に普及すれば原子力発電所8基に相当する電力を恒久的に賄うことが可能であるとの見方がある。

地熱発電では、発電量当たりの二酸化炭素排出量も一般火力発電に比べて1／20～1／200と小さい。同じく排出量が少ない原子力発電の二酸化炭素排出量20g／kWhに比べても13g／kWhと少なく温暖化対策にも有効である。地熱発電は、天候や昼夜を問わず安定した発電ができるのが強みである。

長期間の運転が可能でかつ事故の危険性も少ないとされている。原理的に燃料を使用しないので、燃焼による環境汚染も少ない。ただ、設置場所によっては、地熱井から噴出するガスの中に少量の有毒な硫化水素が含まれる場合がある。硫化水素の濃度が環境基準以下であれば問題ないが、基準以上であれば脱硫装置が必要になる。また、熱水中には微量のヒ素が含まれているため、すべての熱水は地下に還流されている。経済的な脱ヒ素技術が確立すれば、熱水は温熱資源として温水プールなどの目的に利用可能となる。

地熱発電では、温泉が出なくなるとの懸念から温泉地での反対運動が起こることがある。外国では、そのような問題を解決するために、地熱発電での廃温水を温泉地に供給したり、地元と共同で観光事業を起こすなどのサービスをすることで地元の理解を得ている例がある。

温泉発電は、直接入浴に利用するには、高温すぎる温泉（例えば70～１２０℃）の熱を50℃程度の温度に下げる際、余剰の熱エネルギーを利用して発電する方式である。熱交換には専らバイナリーサイクル式が採用され、熱媒体に低沸点のペンタンなどが利用される。発電能力は小さいが、占有面積が比較的小規模で済み、熱水の熱交換を利用するだけなので、既存の温泉の源泉の湯温調節設備として設置した場合は、源泉の枯渇問題や、有毒物による汚染問題、熱汚染問題とは無関係に発電可能な方式である。地下に井戸を掘るなどの工事は不要であり確実性が高く、地熱発電ができない温泉地でも適応可能であるなどの利点がある。２０１２年現在、福島県で温泉発電を始める計画が報道されている。温泉でなくても発電所や工場での温排水などを利用して同じ原理で発電することが可能である。

天然の熱水や蒸気が乏しくても、地下に高温の岩体が存在する箇所を水圧破砕し、水を送り込んで蒸気や熱水を得る高温岩体発電の技術も開発され、地熱利用の機会を拡大する技術として期待されている。既存の温水資源を利用せず温泉などとも競合しにくい技術とされ、38GW以上に及ぶ資源量が国内で利用可能と見られている。

さらに将来の構想として、マグマ溜まり近傍の高熱を利用するマグマ発電の検討が行われている。開発に少なくとも50年はかかると言われるが、潜在資源量は6000GWに及ぶと見積もられ、これを用いると日本の全電力需要の3倍近くを賄えるだろうと言われている。蒸気を採取するための蒸気井の深さは、地下の構造や水分量などによって異なり、数10～3000mまでさまざまである。

発電に伴う余熱や温水を、複合的に利用する事例もある。余熱を温室栽培に活用したり、温水を利用するとともに発電所自体を観光資源にしている例が見られる。

地熱発電のコストは近年になって費用対効果も向上しており、特に、九州電力の八丁原発電所では、燃料が要らない地熱発電のメリットが減価償却の進行を助けたことにより、近年になって7円／kWhの発電コストを実現している。地熱発電は、火力や原子力と十分競争可能となってきている。地熱発電推進のネックの一つになっているのが、地熱発電の候補地の多くが国立公園や国定公園内にあることである。日本は火山が多く地熱発電に適しており、太陽光発電や風力発電に加えて地熱発電の開発も進めるべきだ、との指摘がなされてきた。2010年には、秋田県湯沢市での事業化検討に向けた新会社の設立や大霧発電所での第2発電所建設計画が進行している。2010年度には、地熱発電の開発費用に対する国から事業主への補助金を、2割から1／3程度にまで引き上げることを検討するなど、2008~2009年にかけて地熱発電の促進が積極化しつつある。さらに、東日本大震災とそれに伴うフクシマ事故により再生可能エネルギー開発が喫緊の課題となったことを受け、2011年6月、環境省は地熱発電所設置における二大課題である「国立公園に関わる規制」および「温泉施設に対する影響評価」の見直し作業に入った。そして2012年2月に国立公園などへの地熱発電所の設置に関して、一定の条件を満たせば開発を認める方針を出した。方針案によると、国立公園・国定公園の中でも環境保全が特に必要な特別地区での開発は引き続き認めない。それ以外の地区では、地域外から地下に掘り進む「斜め掘り」など景観や生態系保護に配慮した技術を使うことを条件に、地熱資源利用を認めるとのことである。

（4）太陽光発電・太陽熱発電

太陽光発電は、太陽光線をシリコンなどの半導体で構成した太陽電池に吸収させ、光エネルギーを直接電気エネルギーとして取り出すシステムである。

太陽電池の原理をシリコン半導体の場合を例に図3に示す。太陽電池は、光が当たると負の電荷が発生するN型半導体と正の電荷が発生するP型半導体とを接合して電極を取り付けたものである。太陽電池に光が当たると、プラス側の電極とマイナス側の電極との間に電圧が発生する。図3の負荷と書いてあるところに電球などを取り付けると、電流が流れるという仕組みである。

図3で示した太陽電池の単体の素子はセル（cell）と呼ばれる。発電パネルは、セル、モジュール、アレイから構成される。一つのセルの出力電圧は通常0・5～1・0Vである。複数の太陽電池を積層したハイブリッド型や多接合型では1セルの出力電圧そのものが高くなる。必要な電圧を得られるよう、通常は複数のセルを直列接続して用いる。またいくつかの薄膜型太陽電池では、複数の直列接続されたセルを1枚の基板に作り込むことで、小型でも高い電圧を発生でき、セルを直列接続する結線工程も省力化できる。セルを直列接続し、樹脂や強化ガラス、金属枠で保護したものをモジュール（module）またはパネル（panel）と呼ぶ。モジュール化により取り扱いや設置を容易にするほか、湿気や汚れ、紫外線や物理的な応力からセルを保護する。モジュールの重量は通常、屋根瓦の1／4～1／5程度である。なお、太陽光発電モジュールは「ソーラーパネル」（solar panel）と呼ばれることもあるが、この名称は太陽熱利用

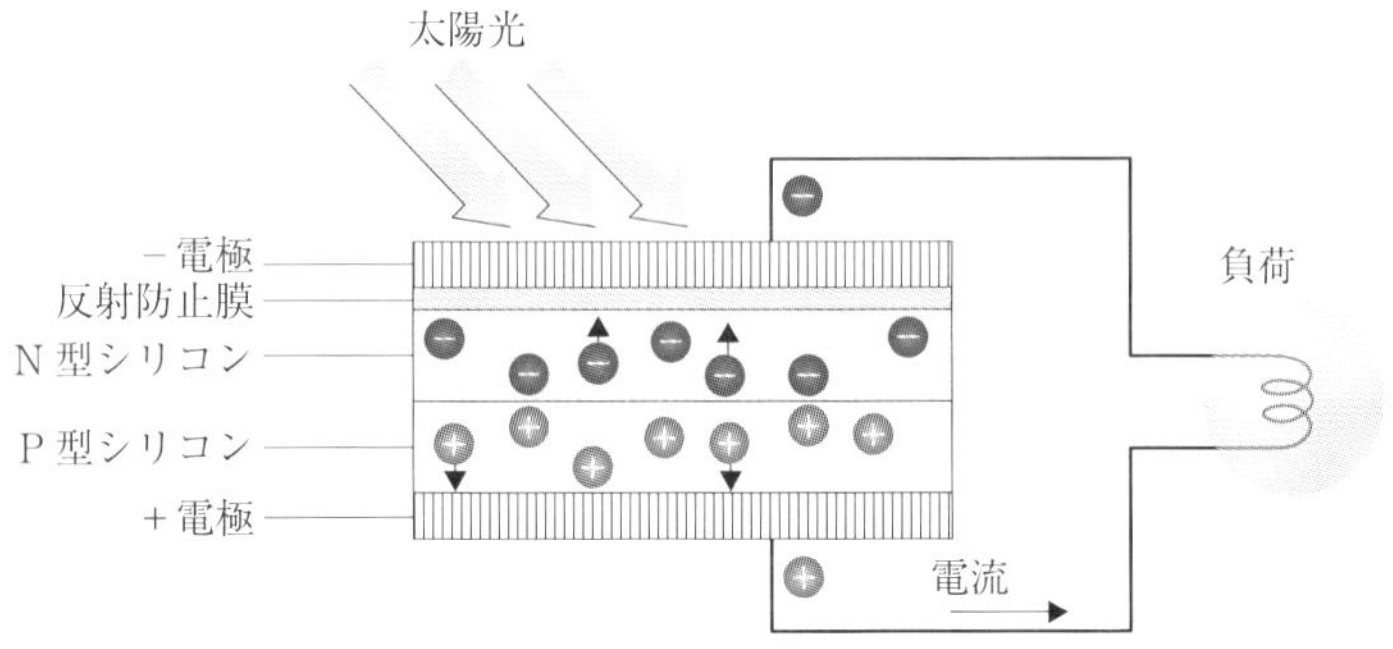

図3　太陽電池の原理
出典：オレンジエコHP

システム（太陽熱温水器など）の集熱器に対しても用いられる。モジュールを複数枚数並べて直列接続したものをストリングと呼び、ストリングを並列接続したものをアレイ（array）と呼ぶ。

家庭用太陽光発電システムの概念図を図4に示す。太陽光発電モジュールで発電された電気は直流であるので、家庭用に用いるためにパワーコンディショナで通常100Vの交流電圧に変換される。交流電源は分電盤を通して家庭用に使われるが、余った場合は電力会社に逆送し買い取ってもらう。夜間など発電が需要に満たない場合は、電力会社の電気を使う。

太陽から地球全体に照射されている光エネルギーは膨大で、地上で実際に利用可能な量でも世界のエネルギー消費量の約50倍

図4　家庭用太陽光発電システムの概念
出典：太陽光発電協会 HP

と見積もられている。例えばゴビ砂漠に現在市販されている太陽電池を敷き詰めれば、全人類のエネルギー需要量に匹敵する発電量が得られる計算になる。世界全体の太陽電池の生産量は、指数関数的に拡大し続けている。代表的な統計であるPV NEWSの集計によれば、2010年の生産量は2009年に比べて111％増加し、23・9GWp（ギガワットピーク、Wpはピーク時のワット数）となった。地域別シェアは中国と台湾が合わせて59％、欧州13％、日本9％、北米5％、その他14％である。地域別の年間導入量は、欧州が13・2GWpで約8割を占め、次いで日本（0・99GWp）、北米（0・98GWp）、中国（0・52GWp）、APEC（0・47GWp）、その他（0・42GWp）となっている。市場規模は2025年には太陽電池そのものが約9兆円、構成機器全体では約13兆円、システム構築市場が約18兆円など、それぞれ2009年の5倍以上に達すると言われている。

太陽光発電システムには大部分の製品が稼働できると推測される期待寿命と、メーカーが性能を保証する保証期間がある。メーカーの製造ミスなどで早期に出力低下などのトラブルが起こることもある。屋外用大型モジュールの場合、過去の製品の結果などから、一般的には期待寿命は20～30年と考えられている。なお一般の家電製品同様、期待寿命は明確に定まっているわけではなく、統一された基準もない。メーカーなどによる屋外用モジュールの保証期間としては、10～25年ぐらいの性能保証を付けて市販される例が見られる。パワーコンディショナなどの周辺機器にも寿命（10年～）があり、部品交換などのメンテナンスが必要である。太陽光発電モジュールは長寿命であるため、それを取り付ける架台および施工部分にも長寿命が求められる。太陽光発電は大きな設置面積を必要とするものの、設置場所を選ばない。日本においても、導入可能な設備量は１００～２００GWp程度と言われる。その中では、将来の導入可能量は戸建住宅53GWp、集合住宅22GWp、大型産業施設53GWp、公共施設14GWp、その他が60GWpなどとなっている。太陽光発電の累計導入設備量が１００GWpになると、その発電量は日本の年間総発電量の約10％に相当する。

世界的に見ると、日本における平均年間日照量は最も日照の多い地域の半分程度であるが、導入量世界一のドイツよりも多い。国内で見ると、冬期に晴天が少なく積雪の多い日本海側では日照量・発電量が少なく、太平洋側で多くなる。

太陽光発電は設備の製造時などに際してある程度の温暖化ガスの排出を伴うが、運転（発電）中はまったく排出しない。採鉱から廃棄までのライフサイクル中の全排出量をライフサイクル中の全発電量で平均した値は、化石燃料による排出量に比べて１／10程度である。

太陽光発電は、現状ではコストがかなり高く（２０１１年12月現在、１kWh当たり33・4～38・3円）、政府の補助金によって普及が図られている段階である。再生可能エネルギーの固定価格買取制がスタートし、太陽光発電の１kWh当たりの買取り価格が42円と設定された。これは、２０１２年現在のコストに比べると高すぎるきらいがあるが、政府が再生可能エネルギーの中でも太陽光発電を特別に保護してきた経緯が影響しているようである。太陽光発電の本格的な普及のためには、今後大幅なコストの引き下げが必要である。太陽光発電の効率は、現在主力のシリコン系ではモジュールベースで16％程度（単セルでは25％程度）である。この効率の大幅な引き上げが必要であるが、シリコンは可視光線の中の一波長の光しか利用できず、原理的に30％以上の効率にはできない。これを25％程度にする開発が進行している。さらに、効率を50％以上にする可能性のある方式の開発がいくつか進行している。例えば、モノリシック構造多接合では、Ⅲ-Ⅴ族化合物半導体を用いた複数の層を垂直方向に接合することで、可視光線の中の全波長領域および近紫外と近赤外領域を利用して変換効率を高める技術である。太陽光発電装置は一般に導入時の初期費用が高額となるが、性能向上と低価格化や施工技術の普及も進み、運用と保守の経費は安価であるため、世界的に需要が拡大している。昼間の電力需要ピークを緩和し、温室効果ガス排出量を削減できるなどの特長を有し、低炭素社会の成長産業として期待されている。コストについては、変換効率が向上すれば低下するのはもちろんであるが、寿命の向上、はんだによる接続や、太陽光を封じ込めるラミネートの技術、パワーコンディショナなどのメンテナンス技術などがどんどん進化すれば、太陽光発電のコストは年を追うごとに下がる。そのためには、変換効率を上げる技術開発ばかりではなく、メンテナンス技術の向上についても推進する必要がある。

いずれにしても、太陽光発電の立地は日照時間の長い地域が良く、特に西日本や沖縄が望ましい。太陽光発電の低コスト化が進めば将来のスマートグリッドの中核に育つ可能性がある。

太陽熱発電は、太陽光を太陽炉で集光して汽力発電やスターリングエンジンの熱源として利用する発電方法である。太陽光発電よりも導入費用が安いほか蓄熱により24時間の発電が可能である。太陽電池で発電を行う太陽光発電と異なり、太陽熱発電は太陽光をレンズや反射鏡を用いた太陽炉で集光することで汽力発電の熱源として利用する発電方法である。太陽光発電に比べて、高コストな太陽電池を使う必要がない、太陽電池より反射鏡の方が製造・保守の面で有利、エネルギー密度が低い自然エネルギーを利用するのにもかかわらずエネルギーの集中が可能、蓄熱により発電量の変動を抑えることが可能で夜間でも稼働できる。発電以外にも熱自体を利用することが可能、火力発電との共用が可能など種々の利点がある。夜間でも稼働できる反面、昼間の曇天・雨天には効率が悪くなる。さらに、日本など夏至・冬至の昼間の差が大きい高緯度地域には向かない。そのため、低緯度の乾燥地域での建設が有効である。また、太陽光発電と異なりスケールメリットが効くため、施設を大規模にするのが好ましい。世界最大の太陽熱発電所であるアメリカのSEGSでは、集光温度は約400℃、発電効率は38%だが定格出力（連続して使用できる出力）は15%だという。太陽熱発電は、砂漠を持ち広大な面積を有する国で特に関心が高い。ヨーロッパでは、北アフリカのサハラ砂漠に巨大な太陽熱発電所を建設し、海底ケーブルを使ってヨーロッパに電力を送る計画がある。太陽光を得られない夜間には溶融塩などを用いた蓄熱による熱を利用するほかに、燃料を燃焼させて発電するハイブリッド方式とすることも可能である。しかし、日本は、中緯度であるために空気中で太陽光が散乱する割合が大きく、陸地が限られ利用上の競合が多いため、あまり適さない発電方式である。

（5）バイオマスエネルギー

バイオマスとは、ある空間に存在する生物、特に植物の量を、物質の量として表現したものである。生物由来の資源を指すこともある。バイオマスは有機物であるため、燃焼させると二酸化炭素が排出される。しかしこれに含まれる炭素は、そのバイオマスが成長過程で光合成により大気中から吸収した二酸化炭素に由来する。そのため、バイオマスを燃焼させても全体として見れば二酸化炭素量を増加させていないと考えられる。このことをカーボンニュートラルと呼ぶ。

日本では、地方自治体や環境保護団体などがバイオマスに注目している。そもそも日本では、落葉や家畜の糞尿を肥料として利用していたし、里山から得られる薪炭がエネルギーとして活用されてきた。近年、各電力会社が火力発電所での石炭と間伐材などとの混焼を進めている。バイオマスの分類を表9に示す。農林水産業からの畜産廃棄物、木材、藁、籾殻、工芸作物などの有機物からのエネルギーや生分解性プラスチックなどの生産、食品産業から発生する廃棄物、副産物の活用を進めている。

家畜の糞尿などからのメタンの精製（バイオガス）、生物起源の可燃廃棄物などの利用、下水汚泥・木質・食品残渣・茶かす・わら屑などの燃焼ガス

表9　バイオマスの分類

廃棄物系	農林水産系	農業	稲藁、麦藁、籾殻
		畜産	家畜糞尿
		林業	間伐材、被害木、おが屑
	廃棄物	産業	下水汚泥、建築廃材、黒液、食品廃材
		生活	生ゴミ、廃油
栽培作物系	サトウキビ、トウモロコシ、小麦、イネ、海藻		

への利用、木質バイオマス発電、製紙パルプ製造工程での黒液のバイオマス発電、木質バイオマスのガス化による水素、合成ガス、メタノールの生成などが考えられている。

バイオマス燃料の一つがバイオエタノールである。植物由来の資源を発酵させて抽出するエタノールで、原料はサトウキビ、トウモロコシが有名だが、イネ、木質廃材、廃食用油なども利用される。ここで、イネを使う場合であるが、イネの休耕田と耕作放棄地に多収米を栽培してバイオエタノールにすれば休耕田の有効利用にもなるし、バイオマス燃料の増産にもなる。バイオエタノールは、ガソリンと混ぜて混合燃料として用いるのが一般的である。バイオエタノールの自動車燃料としての混合率は、日本では2％、アメリカでは10％、ブラジルでは25％が上限となっている。バイオエタノール混合燃料の原料となるサトウキビ、トウモロコシ、小麦などは食料源でもあり家畜の飼料でもある。それらの食料源を大量にバイオエタノールの原料として使ったために、世界的に食料の値段が急上昇するという問題が発生した。自動車燃料化など課題としては、収集コスト、発生熱量（エネルギー）、食料とのトレードオフ、耕地の確保、加工コストなどがある。バイオマス関連市場は、２０１０年の約３００億円から10年後には２６００億円に増えるとの試算がある。政府は、バイオマスを総合的に有効利用するシステムを構想し、実現に向けて取り組む市町村を「バイオマスタウン」と命名し、２０１１年４月現在３１８地区を指定した。また、今回の東日本大震災によって生じたがれき（主に木材）を燃料に使う「木質バイオマス発電」の普及に乗り出している。森林バイオマスでも、ヤナギやポプラなど成長の早い植物を植え、これを刈り取って燃料にする試みも始まっている。

（6）波力発電・潮流発電

海岸で波が絶え間なく寄せては返すが、この波の力で電気を作るのが波力発電である。波力発電は波が上下する力で空気の流れを作り、この空気の流れでタービンを回す。波の荒れることの多い日本海では有望な発電方法である。短所は、海上から陸上の変電所まで電気を送るのに難点があること、自然条件の影響を受けるため発電が不安定、海洋生物への影響、まだ費用が高いなどである。

潮流発電は、潮流のエネルギーをタービンの回転運動に変え、発電機を回して発電する。日本近海には、黒潮という非常に流速が速く、流量の大きい海流がある。平均流速が大きい海流中に巨大な海洋構造物を設置することは困難であると考えられていたが、近年、北海油田のリグのように海洋建造物に対する技術進歩により、技術環境が整いつつある。潮流発電のエネルギーは、流れの速い「瀬戸」や「海峡」と呼ばれるところが有利である。国内では、瀬戸内海と九州を中心にいくつかの実験が行われている。発電サイトが陸地から離れているため、電力の輸送には海底送電ケーブルが考えられているが、電気エネルギーを水素などに変換して輸送する方法も検討されている。また、日本近海の主要潮流のエネルギーの合計は、電力中央研究所の計算によると、年間発生電力量は60 TWhと試算されている。

（7）潮汐発電・海洋温度差発電

潮汐発電は、天体の運行（月の引力）によって生じる干満の潮差を利用して発電するもので、低落差の水力発電の一種である。日本では、潮位の差が少ないため経済性に難点があるが、フランスではランス発電所が24万kWの発電機を備え、1967年から30年以上にわたって商業用として大きな事故もなく稼働している。

海洋温度差発電は、太陽熱で温まった海の表面水と、冷たい深海水（深層水）の温度差を利用する発電方式である。日本周辺や熱帯・亜熱帯地域の海洋における海水の温度は、一般に海表レベルで20～30℃、約700mの深海では2～7℃といわれており、この発電方式には、作動流体（アンモニアと水の混合体など）を温海水で気化し、タービンを回転した後、冷海水で凝縮させて発電する方式と温水そのものを気化発電する方式とがある。海洋温度差発電は、天候などの環境に左右されにくく、年間を通じて安定した発電が可能である。実用化されればベース電源として用いることができる。ただし、発電所の設置には条件があり、実用化には20℃程度の温度差が必要であるという。日本での適地は沖縄や小笠原諸島などで、本州付近で実用化するには工場での温排水などを活用する必要がある。島根沖、徳之島、伊万里、富山湾での実証試験が実施されているが、まだ発電プラント単体では経済性を見いだせない状況である。しかし、発電ばかりでなく、栄養塩を利用した海洋生物生産性の向上、低温性を利用した海水淡水化などトータルシステムとして有効利用すれば総合コストが下がる可能性がある。もう一点、海洋温度差発電に期待されているのが、二酸化炭素の削減効果である。深層水には栄養源や植物プランクトンが豊富で、二酸化炭素を吸収して深海に引き込む作用があるという。深層水を海面にまけば、海水1kg当たり1・3mgの二酸化炭素を吸収するという。現在、インドの発電プラントが1000kWの出力を目標に開発をしているが、これに技術協力をしているのが佐賀大学のグループである。この分野では日本の技術が世界のトップレベルで、各国から技術協力の依頼が来ているという。

（8）再生可能エネルギーと燃料電池発電の複合利用

燃料電池発電では、水素を燃料として化学エネルギーを直接電気に変換するので変換効率が高く、最適な場所で発電できるので分散型電源として利用価値が高い。しかも生成物が水蒸気だけであるので環境問題も生じない利点があるが、水素源をどこから得るかに問題点がある。

一方、洋上風力発電、波力発電、潮流発電では、得られる電力が海上であるため、発電した電力を陸上まで輸送することに問題点がある。また、陸上風力発電、地熱発電でも、住民の人口が少ない地域での立地が多く、送電にコストがかかることが多い。

両者を組み合わせることによって、両方の問題点を克服することができる。風力発電、地熱発電などで得られた電力を利用して水を電気分解して酸素と水素を得、その水素を利用して電力の需要地の近くで燃料電池発電を行えば総合的なコストを大幅に減少させる可能性があると考えられる。一般には電力は貯蔵できないが、この場合水素は貯蔵されたエネルギーとしての役割を果たすことになる。

水素は水素ガスとして貯蔵するだけでなく、水素吸蔵合金中に貯蔵する方法や水素化合物として貯蔵する方法などがある。さらに、再生可能エネルギーから得られる電力を用いてマグネシウム金属として貯蔵する方法もある。ドロマイト鉱石（炭酸マグネシウム）や海水中に含まれる塩化マグネシウムから電力を用いてマグネシウム金属を得ることができる。貯蔵したマグネシウム金属を水と反応させれば水素が得られる。

そのような観点から風力発電と燃料電池発電を組み合わせた実例としては、九州大学の研究者を中心に、海上に蜂の巣状に浮かべた六角形のコンクリート構造物の上に、従来の2倍以上の風力を得る風車を用いた洋上風力発電の構想がある。送電線は使わず、得られた電力で水素を作り、その水素を船で陸に輸送して燃料電池発電に使うというものである。六角形の浮体の内部を養殖場にすることで、２０１２年現在、漁業補償の問題も解決でき、資金の目途が付けば数年で技術確立が可能としている。

このような技術が進展すれば、今後再生可能エネルギーを用いた電解産業および燃料電池発電産業が成立するものと期待される。日本がこの分野での先導役を担うことを望みたい。

3 燃料電池発電

燃料電池は水素や天然ガスなどを燃料として空気中の酸素と反応させて水蒸気を生成させ、その時に発生する化学エネルギーを電気エネルギーに変換して、電気を継続的に取り出すことができる発電装置である。一次電池は寿命が来れば使いきりで、二次電池は充電しないと再び使うことができないが、燃料電池は水素などを補充し続けることで、永続的に発電を行うことができる。燃料電池は、再生可能エネルギーではないが、再生可能エネルギーの欠点を補う分散型電源として注目されている。燃料電池は水の電気分解と逆の反応で、水素を燃料として酸素と反応させた時の化学エネルギーを電気として取り出す方法である。

燃料電池発電を商品化された例として、ガス会社が天然ガスやプロパンガスを燃料として発電装置を売り出しているエネファーム（家庭用の燃料電池）がある。この出力は0・25～0・75kWで、2012年現在まだ価格が高く、改良の余地がかなりある。

燃料電池発電は、このように家庭用に普及し始めているが、原理的には単電池セルをいくつも積み重ねれば高電圧高電流を取り出せるので、中規模や大規模の発電も可能である。

燃料電池において、水素を反応させ電気を取り出す仕組みの例を図5に示す。燃料極では、水素が水素イオン H^+ として溶け込み①の反応が起こる。e^- は発生した電子で導線および負荷を通って空気極側に移動する。水素イオンは中央部の電解質の中を通って空気極側に移動する。空気極では空気中の酸素が導線を通ってきた電子 e^- を受け取って酸素イオン O^{2-} として溶け込み、酸素イオン O^{2-} が電解質の中を移動してきた水素イオン H^+ と反応して②で示されるように水が生成する。

① $H_2 \rightarrow 2H^+ + 2e^-$

② $(1/2)\,O_2 + 2H^+ + 2e^- \rightarrow H_2O$

全体としては

③ $H_2 + (1/2)\,O_2 \rightarrow H_2O$

の反応が起こっており、水の電気分解の逆の反応である。反応によってできる物質は水であるが、生成されるのが高温環境下であるため実際に排出されるのは水蒸気または温水である。燃料には水素だけでなく、天然ガス（都市ガス）、プロパンガス（LPガス）、灯油などを用いることができる。その場合には、図5にあるように、改質装置を通して二酸化炭素と水素を得て、水素だけを燃料極に導入する。

燃料電池は、用いる電解質の種類により、高分子型（PE

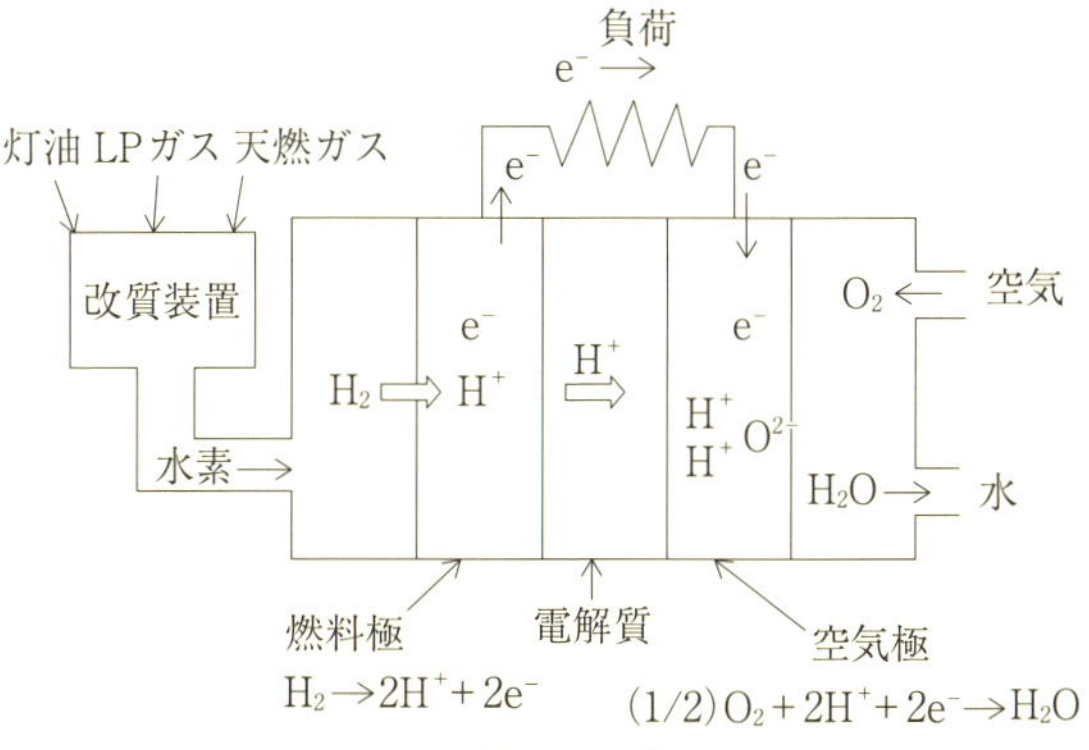

図5　燃料電池の仕組み

FC）、リン酸塩型（PAFC）、溶融炭酸塩型（MCFC）、固体電解質型（SOFC）がある。燃料電池の種類とその特徴を表10に示す。

熱機関を用いる通常の発電システムでは、燃焼による化学エネルギーを熱エネルギーに変換し、その熱エネルギーにより水蒸気などを発生させて、タービンなどを回して機械エネルギーに変換し、そこから電気エネルギーを得るため、各段階でエネルギーのロスがある。燃料電池では、化学エネルギーを直接電気エネルギーに変えるので発電効率が高い。燃料電池の中でも、高分子型、リン酸塩型、溶融炭酸塩型、固体電解質型となるに従って、作動温度が高く発電効率が高くなる。溶融炭酸塩型と固体電解質型については、作動温度が高いので、廃熱を利用してさらに蒸気タービンを回して発電（コジェネレーション発電）し、総合発電効率をさらに高く（80％以上）することもできる。また、燃料電池発電では、システム規模の大小にあまり影響されず、騒音や振動も少ない。そのため、燃料電池による発電は、ノートパソコン、携帯電話などの携帯機器から、自動車、鉄道、民生用・産業用コジェネレーション発電所に至るまで多様な用途・規模をカバーするエネルギー源として期待されている。

固体高分子（膜）形燃料電池（PEFC）は、イオン交換膜を挟んで、正極に酸化剤を、負極に還元剤（燃料）を供給することにより発電する。起動が早く、運転温度も80～100℃と低い。実用化が最も進んでいるが、発電効率が低いため、小型用途での発電使用が想定されている。触媒として使用される白金の使用量を減らすことと、電解質として使用されるフッ素系イオン交換樹脂の耐久性の

表10 燃料電池の種類とその特徴

		高分子型（PEFC）	リン酸塩型（PAFC）	溶融炭酸塩型（MCFC）	固体電解質型（SOFC）
電解質	電解質	イオン交換膜	リン酸	炭酸リチウム	安定化ジルコニア
	移動イオン	H^+	H^+	CO_3^{2-}	O^{2-}
	使用形態	膜	マトリックスに含浸	マトリックスに含浸またはペースト	薄板、薄膜
反応	触媒	白金系	白金系	不要	不要
	燃料極	$H_2 \rightarrow 2H^+ + 2e^-$	$H_2 \rightarrow 2H^+ + 2e^-$	$H_2 + CO_3^{2-} \rightarrow H_2O + CO_2 + 2e^-$	$H_2 + O^{2-} \rightarrow H_2O + 2e^-$
	空気極	$(1/2)O_2 + 2H^+ + 2e^- \rightarrow H_2O$	$(1/2)O_2 + 2H^+ + 2e^- \rightarrow H_2O$	$(1/2)O_2 + CO_2 + 2e^- \rightarrow CO_3^{2-}$	$(1/2)O_2 + 2e^- \rightarrow O^{2-}$
運転温度		80～100℃	190～200℃	600～700℃	800～1,000℃
燃料		水素	水素	水素、一酸化炭素	水素、一酸化炭素
発電効率		30～40％	40～45％	50～65％	50～70％
想定発電出力		数W～数十kW	100～数百kW	数百MW	数kW～数十MW
想定用途		家庭用電源、携帯端末、自動車	定置電源	定置電源	家庭用電源、定置電源
開発状況		長期実証試験中、一部商品として実用化	製品として多数の実績があるが、新規参入は少ない	日本以外での実績があり、拡大中	実証試験中、一部は商品として実用化

向上とコストの低下が今後の普及の課題である。室温動作と小型軽量化が可能であるため、携帯機器、燃料電池自動車などへの応用が期待されている。

リン酸形燃料電池（ＰＡＦＣ）は、高分子形燃料電池と同様に白金を触媒としているため、燃料中に一酸化炭素が存在すると触媒の白金が劣化する。したがって、天然ガスなどを燃料とする場合は、あらかじめ水蒸気改質・一酸化炭素変成反応により一酸化炭素濃度が１％程度の水素を作り、電池本体に供給する必要がある。工場、ビルなどの需要設備に設置するオンサイト型コジェネレーションシステム（電気と温水を供給）として１００／２００kW級パッケージの市場投入がなされ、すでに商用機にて４万時間以上の運転寿命（スタック・改質器無交換）を達成している。

溶融炭酸塩形燃料電池（ＭＣＦＣ）は、水素イオン（H^+）の代わりに炭酸イオン（CO_3^{2-}）を用い、溶融した炭酸塩（炭酸リチウム、炭酸ナトリウムなど）を電解質として、セパレーターに含浸させて用いる。そのため、水素に限らず天然ガスや石炭ガスを燃料とすることが可能である。ＰＡＦＣに競合する選択肢として、２５０kW級パッケージが市場に投入されつつある。白金触媒を用いないためＰＥＦＣやＰＡＦＣと異なり一酸化炭素による被毒の心配がなく、排熱の利用にも有利である。火力発電所の代替などの用途が期待されている。

固体酸化物形燃料電池（ＳＯＦＣ）は、動作温度はＭＣＦＣ以上の８００～１０００℃を必要とするので高耐熱性の材料が必要となる。また、起動・停止時間も長い。電解質として、酸素イオンの伝導性が高い安定化ジルコニアやランタン、ガリウムのペロブスカイト酸化物などのイオン伝導性セラミックスを用いている。空気極で生成した酸化物イオン（O^{2-}）が電解質を透過し、燃料極で水素と反応することにより電気エネルギーを発生させている。そのため、水素だけではなく天然ガスや石炭ガスなども燃料として用いることが可能である。活性化電圧降下が少ないので発電効率は高く、すでに56％を達成している例もある。ＳＯＦＣは、家庭用・業務用の1～10kW級電源としても開発されている。内部改質方式であり、改質器は不要で触媒も特に必要ない。電極材としては導電性セラミックスを用いる。火力発電所の代替などの用途が期待されている。日本ガイシは、２００９年6月に独自構造のＳＯＦＣを開発し、世界最高レベルの63％の発電効率と90％の高い燃料利用率を達成したと発表した。２０１１年10月、ＪＸ日鉱日石エネルギーが市販機としては世界で初めてＳＯＦＣ型エネファーム（家庭用燃料電池）を発売した。

将来水素を燃料として走る燃料電池車が普及すれば、風力発電の電気で水を電気分解して得た水素をガソリンスタンドで水素燃料をも供給する未来型スタンドに供給することもできる。再生可能エネルギーの中で、風力発電は、風によって発電量が変わるので不安定である。同様に、太陽電池発電においても、日照の程度によって発電量が変わるので不安定である。電力は供給と需要が常に等しくならなければ電力が不安定になり、ひどい場合は停電になるという特性から、将来風力発電や太陽電池発電の割合が高くなれば、電力を安定化させる観点から蓄電池や変圧器などの大量投資が必要になる。一方、燃料電池発電では安定した電力を供給できるのでそのような投資を抑制できる利点がある。将来、電力のスマートグリッド化が実現した場合、燃料電池発電は分散型電源として風力発電や太陽光発電の不安定な面を補う作用が期待できる。
燃料電池の特徴は以下のようにまとめられる。
①基本的に水蒸気しか出さないし、発電時に騒音と振動がないので環境にやさしい。
②産業用としては、天然ガスとプロパンガスが主燃料になるので、窒素酸化物の濃度が大幅に減少し、硫黄および窒素酸化物の濃度がほぼゼロになる。
③エネルギー効率が非常に高く、燃料の節約ができ、かつ廃熱量が少ない。
④燃料を補給すれば常に発電できるので、公害物質である電池が不要になる。
⑤燃料電池は需要地に設置できるので、全面的な普及が行われれば、大規模な送電線は不要になる。
⑥燃料電池は需要地に設置できるので、携帯端末、自動車、家庭、オフィス、工場、離島、船舶、列車、自動販売機、などあらゆる場所で使用できる。
⑦燃料電池は直流電源として得られるので、交流に変換することなくエレクトロニクス機器に使用できる。
⑧電気とともに熱が得られるので、給湯や暖房として利用が可能で熱効率がさらに向上する可能性があり、総合効率が90％を超えることが期待される。
⑨継続して安定した電力を供給できるので、分散型電源として、風力発電や太陽光発電の不安定な面を補う作用が期待できる。

燃料電池発電はこのように大きな可能性を持っているが、本格的な普及のためには、さらなる効率の向上、長寿命化などによる総合コストの低下が必要である。

4　エコカー

エコカーは、地球温暖化問題に関する二酸化炭素排出削減目標を達成する手段の一つとして、また化石燃料に対する依存を減らす手段の一つとして国家レベルで実用化に力を入れられるようになった。また、原油価格の急騰に伴ってガソリン価格が上昇したことを受けて、燃費の良い自動車として消費者の関心が高まっている。

エコカーには、電気自動車、ハイブリッドカー、プラグインハイブリッドカー、燃料電池車などがある。

電気自動車は、車にのせた電池から電力を得る電池式電気自動車と、走行中に電力を外部から供給する架線式電気自動車とがある。軽自動車や普通乗用車としては電池式電気自動車が用いられるが、大型車を電気自動車にするには大量のバッテリーを搭載しなくてはならず重量が課題となる。そのため、大型車ではハイブリッドカーや架線式電気自動車が注目されている。

電池式電気自動車は、外部からの電力供給によって二次電池（蓄電池）に充電し、電池から電動モーターに供給する方式が一般的である。車両自身に発電装置を搭載する例としては、太陽電池を備えたソーラーカーや、燃料電池を搭載する燃料電池自動車があるが、2010年現在はいずれも実用化されていない。電池を用いた方式は構造が単純であるため、自動車の黎明期から今日まで遊園地の遊具、フォークリフト、ゴルフカートなどに多く使用されてきた。しかし、二次電池は出力やエネルギー当たりの重量が大きく、コストも高く、寿命も短かった。また、稼働時間に対する長い充電時間も短所であり、交通機関の主流たりえなかった。近年、出力密度もエネルギー密度も高く、繰り返しの充放電でも劣化の少ないリチウムイオン二次電池の発展により、電気自動車が実用化されるようになってきた。

ガソリンエンジンやディーゼルエンジンなどの内燃機関による動力源と比較すると、適切に選ばれた電動モーターの起動トルクは大きく、高速回転領域まで電力の変換効率がそれほど変化しないので、電気自動車は変速機を必要としない。また、自身で始動できるため始動用の補助動力装置も不要である。

電気自動車の特長としては、内燃機関に比べエネルギー効率が数倍高いこと、内燃機関、クラッチ、変速機などが不要で、パッケージングの制約が少ないこと、内燃機関特有のアイドリングが存在しないため、車両一時停止時も無駄なエネルギー消費がないこと、電動モーターは駆動力と制動力の双方を生み出すため、電子制御で高性能のトラクションコントロールを実現することが容易なこと、走行時の二酸化炭素や窒素酸化物の排出が無いこと、電池の価格さえ大幅に下がれば、ハイブリッドカーはもちろん、ガソリン車より安く作ることが可能といった点が挙げられる。

一方、電気自動車の欠点としては、電力は燃料のように備蓄ができず、停電の際は自家発電などの電源を要し、ヒーターに内燃機関の廃熱が使えないため、エアコン使用時は航続距離が短くなる。現在の二次電池は、体積や重量当たりのエネルギーが化石燃料に比べて小さく、充電容量も限られ、同一重量当たりの走行距離が内燃機関車より短く、特に積載量に影響する貨物自動車や、タイヤへの負荷と路面に対する活荷重が重要となる大型自動車には採用しにくい。電力が安価で、充電時間の問題もあり、サービスとして採算が取れないため、ガソリンスタンドの充電スタンドへの転用ができにくい。現状では、電池が高価であるが、それは正極にコバルト化合物を使っているためで、コバルト化合物を使わない代替材料で量産が可能となれば価格は１／４以下になる。二次電池の入力が限られるため充電に時間がかかる。１００Ｖで約14時間、２００Ｖで約7時間。急速充電器で80％まで充電するのに約20分かかる。

電気自動車は「有害排出物が無く、環境にやさしい」と考えられており、局所的な大気汚染の緩和策には有効である。また、原子力や再生可能エネルギー発電との組み合わせにより二酸化炭素削減にも有効である。また騒音源である内燃機関を搭載していないため、一般に音が静かであるという特徴もある反面、自動車の接近に気づきにくく危険であるので、車の接近自体を防ぐまたは接近を知らせる仕組みが必要という意見がある。

慶應義塾大学電気自動車研究室の試算では、電気自動車の電力をすべて火力発電で賄ったと仮定しても、ガソリン車よりも3～4倍、総合効率で優れるとされている。また電気はあらゆる発電方法から得られるという特性を生かして、燃料電池・風力発電・太陽光発電など、発電時に二酸化炭素を出さない手法も活用できる。太陽電池を車両に搭載して換気に用いるなど電力の一部を賄うことでより快適な運転も可能である。

日本で電池式電気自動車を使用する場合、深夜電力を使用して充電することが考えられる。日本においては、8000万台の比較的高性能なプラグインハイブリッドカーや電気自動車が普及した場合、出力調整の難しい原子力発電所の深夜余剰電力の有効利用につながり、ガソリン使用量の7割を削減できると試算されている。

日本国内においても地域差があるため一概には言えないが、例えば東京電力の電力供給地域を例に取ると、夜明け前の一日で最も電力需要が少なくなる時間帯において、電気自動車の充電のための必要な電力は春秋の低需要期でほぼ2500万kW、夏の高需要期では3000万kW程度であり、これは東京電力の原子力発電による発電可能量（原子力発電所17基分、2000万kW弱）をすでに超えている。つまり、現状の発電能力では電気自動車の普及による電力需要の増加は、火力発電所を稼動することによってしか賄うことができない。太陽光発電の普及も電気自動車への充電は主に夜間に行われると考えられることから、大規模な蓄電施設の建設などが行われなければやはり寄与することは難しいといえる。一方で、この地域における自動車の登録台数は約2000万台であり、このうちの1／4程度の500万台が電気自動車になった状況を考えたとき、平均的に週一度の充電を夜間に1.5

kWで行うとしたとき、毎晩100万kW程度の新たな電力需要が生ずることになり、これは原子力発電所一基分程度の発電量になる。電気自動車で二酸化炭素排出量の削減を目指すのであれば、風力発電、地熱発電などの再生可能エネルギーによる電源開発計画と、電気自動車の普及台数とのバランスをよく考慮する必要がある。

電気自動車の充電インフラは、電力網の末端である家庭用電源を利用する家庭用充電設備と、市街地や路面下などに設けられ不特定多数の利用を前提とする公共用充電設備の2種類が考えられる。

家庭や一般事業所では100V／200V商用電源による緩速充電設備を備えることが予想され、少数ながら一部では導入が始まっている。長所は、自宅や出先の駐車場などで充電できれば利便性が向上すること、安価な深夜電力を利用できれば経費を抑えられ、電力供給者も発電電力量の平準化が行えること、長時間かけた緩速充電方式は電池への電気化学的な負担が軽く劣化しにくいので電池の長寿命化が期待できること、満充電まで時間的な余裕が得られやすいこと、商用電源が利用できれば最小の工事で済み安価となること、スマートグリッドにおける家庭・事業所の蓄電池としての機能が期待できることがある。短所は、充電に時間がかかり車両の利用に制約が生まれること、商用電源であっても充電機器の配線と設置に工事が必要となること、感電の危険性が多少とも存在すること、集合住宅では設置と利用に障害が多いことがある。

一般に「充電スタンド」や「充電ステーション」と呼ばれる急速充電方式による充電施設が計画されている。急速充電器により短時間で車載電池を充電する方法で、ガソリンスタンドと同様に主要な道路に面した車両の出入りに便利な場所に有料で充電サービスを提供する施設として考えられる。ガソリンを自動車に給油して対価を受け取るガソリンスタンドの事業スタイルがそのまま生かせるので、現存する給油事業者がそのまま事業形態を変更することで混乱が少ないと期待される。目的地への走行経路途中に寄ることで、満充電だけでなく継ぎ足し充電することも可能であり利便性が良い。充電スタンドの長所は、20分程度の短時間で80％程度まで充電できることである。

充電スタンドの短所は、急速充電では蓄電池の内部温度が上昇して劣化し電池の寿命を縮めること、液体燃料の給油に比べて同時に対応可能な台数を増やす必要があること、大電力の配電設備が求められること、昼間に利用すれば夜間電力に比べて電気料金が高くなることがある。

燃料電池自動車の水素供給インフラとの比較では、充電所の方がよりインフラ構築が行いやすい。水素スタンドは水素の生成方法にもよるが、安全性を確保する上で立地やタンクの設置方法、安全装置など多数の制約がある。水素スタンドの建設費用は現状でガソリンスタンドの約３倍のコストがかかる。それに比べると、電気自動車用の急速充電器は一番高価なものでも１基３００万円程度であり、大きさも家庭用冷蔵庫程度の大きさで設置場所の制約が少なく、水素スタンドよりは設置しやすい。急速充電は電気料金単価が30円／kWhに満たないため利益が非常に低くなり、市街地におけるガソリンスタンドでの充電は採算面から事実上不可能である。20kWh程度のバッテリーの車だと一回のフル充電で多くても２００円程度（９円／kWhで深夜充電した電気を19円／kWhで昼間売り10円／kWhの利益を出す場合）の利益しか見込めない。この点を改善するため電池交換や道路給電が研究されている。急速充電を行う設備は1台分で数十kWの供給容量が必要で、電柱に取り付けてある家庭向け変圧器1基で1～2台分しか供給することができない。したがって急速充電用の契約は家庭用ではなく事業用の高圧供給となり、無駄な変圧器を通すことなく、安い電力料金になる。事業者用電力料金は家庭用の6割以下と非常に負担が軽くなる。

プラグインハイブリッドカーは、部分的にバッテリーのみで走行できるハイブリッドカーである。エンジン発電機を搭載したＥＶ（シリーズ・ハイブリッド）（例：シボレー・ボルト）とＥＶモードを強化したハイブリッドカー（例：トヨタ・プリウスＰＨＶ）のタイプがある。車両に付けたソケットにプラグを差し込み（プラグイン）外部電源から直接充電できる。蓄電池容量は電気自動車より少ないものの、ハイブリッドカーよりは多い。あらかじめ充電しておくことで電池容量以内の距離は電気自動車として、それ以上の距離はハイブリッド車として機能する。充電には家庭用電源が利用可能で、電化地域であればどこでも充電できるメリットがある。ハイブリッドカーではあるが電気自動車に近く、長距離走行を内燃機関で補いつつも実用的な電動航続性能を有し、片道30㎞程度の通勤や買い物や送迎といった日常用途なら燃料を使わずに安価な深夜電力のみで往復できる。

プラグインハイブリッドカーの長所は、家庭用電源で充電でき、車種によりバッテリーのみの航続距離に大きな差があるものの、短距離なら電気自動車として利用可能である。バッテリーのみの航続距離は、中国の自動車メーカー比亜迪汽車のＢＹＤ Ｆ３ＤＭで約96㎞、シボレー・ボルトで約62㎞、プリウスＰＨＶで約26㎞である。長距離走行は内燃機関で発電するため通常のハイブリッド車として利用し、電気走行を短距離に抑えてあるため電池コスト／重量が電池自動車の１／８の10万円／36kgで済み、そのため電池価格低下まではコスト面で有利で、大型車で導入が容易である。中国の自動車メーカーの航続距離がずば抜けて長い理由は、中国の地方ではガソリンスタンドが普及していない地域もあり、そういう地域での自動車の普及を狙ったものである。車体重量を極力減らし、エアコンなどの搭載を制限し、車内で極力電気を使わない設計になっている。

プラグインハイブリッドカーの短所は、自家発電装置などが無い限り、停電時に外部電力での充電ができない。バッテリー容量を超える距離の走行は内燃機関で発電を行いながらの走行となり、ガソリンハイブリッドカーと同程度の環境負荷となる。電気自動車と内燃車の双方の機構が必要で、必然的にガソリン車より高コストとなり、電池のコストダウンが進んだ場合は純電池式電気自動車に比べコスト面で不利である。

水素燃料電池自動車は、水素を燃料タンクに蓄え、水素燃料電池で発電して電動モーターを駆動する電気自動車である。水素燃料電池自動車の長所は、化石燃料を原料として安価に大量の水素製造が可能なこと、再生可能エネルギー発電が普及すれば、化石燃料を用いることなく水を原料にして電気分解で水素を生産できること、走行時に二酸化炭素や窒素酸化物を出さないこと、航続距離が電池式電気自動車より長いことなどである。水素燃料電池車の燃料電池部分としては、２０１２年現在、固体高分子型（ＰＥＦＣ）が想定されている。水素燃料電池自動車の短所は、水素脆化により車両の金属劣化があること、高圧水素タンクや水素吸蔵合金タンクに水素を押し込める必要があること、化石燃料から水素を生産するとガソリン自動車以上に環境負荷が大きいこと、水素供給インフラ整備に費用と時間がかかること、イオン交換樹脂の劣化による性能低下があり数年ごとに燃料電池の交換が必要なこと、触媒に用いる白金などにより燃料電池自体が高価となり、取得費用がかかるなどである。

5　電力の自由化と送配電分離

電力は社会に欠かすことのできないインフラであるため、安定供給を第一とする独占の形態が取られてきた。全国を10のブロックに分け、発電と送電の一体的な地域独占の体制である。その下で総括原価方式（火力、水力、原子力などを含めた総発電コストに、管理費や利益を上積みした固定価格）が政府の承認を得て設定され、電力が供給されてきた。このシステムは、電力の供給力が不足していた時代には有効であったが、供給力の高まりとともに意義を失ってきた。

一方、送配電においては、一事業者が地域を独占して送配電網を設置する体制の方が効率的である。しかし、このことは、発電と送配電の一体的な独占管理の必要性を意味するものではない。原発のような発電部門の規模の経済性が失われてきている中にあっては、両者を切り離し、それぞれの効率性を生かせる形態の方が社会的メリットを出せる公算が高い。２０１１年3月の東京電力管内の計画停電では、独立系発電事業者（ＩＰＰ）が発電を行った分の電力の送電までをカットしてしまった。例えば、発電所を持っている商社などが、電力会社の送電線を利用して契約ユーザーに電力を売っているのがIPPである。IPPは、ユーザーとの間で直接電力供給契約をしているが、それが電力会社の都合で履行できなくなったのである。発電と送電を別会社にすれば、このようなことは起こらないし、多様なエネルギー源が増えると考えられる。近年、IPPやPPSを含む企業において、自家発電の供給能力が向上しており、それが2011年3月以降の東京電力管内の電力供給で実証されたし、電力の多様化が見込めるようになってきた。

こうした環境変化にもかかわらず、発電と送配電の一体的な地域独占が行われてきた背景には、原発の維持にあったと言える。原発の設置コストはもちろん、使用済み核燃料の処理処分、廃炉コストも膨大な額になることが予想される。総括原価方式という、総発電コストを価格に転嫁する制度無くして原発の建設・維持は困難といえよう。フクシマ事故と電力をめぐる環境の変化を考えれば、電力自由化の必要性は明らかである。

電力自由化の鍵を握るのは、発電と送配電の分離である。送配電網の利用を開放すれば、自家発電余力を持つ事業体、特定規模電気事業者（PPS）からの参入も促進され、電力会社間の競争が促進され、電気料金の引き下げや電気事業における資源配分の効率化が進むと考えられる。日本の電力自由化は、1995年から徐々に行われてきたが、発電と送配電の分離を伴わなかったためにめぼしい進展がなかった。それには、電力会社が発電と送配電の分離・自由化が行われると原発の建設・維持と地域独占の崩壊に繋がりかねないと強い抵抗を示したこと、それに2000年のカルフォルニアおよび2003年のニューヨークでの大停電事故が、電力の安定供給の重要性の主張に勢いを与えた面がある。この大停電事故では、アメリカでの発電と送配電の分離と市場化の行き過ぎが、老朽送電網の放置を招き、大停電につながったと指摘された。しかし、これは行き過ぎた市場化の悪例にすぎない。

八田達夫氏は、『震災からの経済復興13の提言』東洋経済新報社出版局編集部編（東洋経済新報社2011）において、北欧などで実施されている電力自由化と発電と送配電の分離を念頭に未来の送配電の分離の在り方を次のように提言している。近年情報機器の発達によって、多数の発電会社の供給する電力をよく調節できるようになり、自由化しやすくなった。自由化の下では、多数の発電会社が送電会社に送電料金を払って送電線を使わせてもらい、需要家に売る電力市場が出現する。その際独占企業である送電会社の送電料金は厳しく規制されるが、発電会社は競争市場で価格の設定は自由である。自由化された後の送電会社の重要な役割は、給電司令である。電力の需要と供給の間でギャップが生じてしまうと停電してしまうので、それが起きないよう管理する。一方、発電所間の競争は、発電会社が、大口の需要家と長期契約を結ぶ「相対取引」、翌日の30分ごとに大口需要家の需要と発電会社の供給が均衡する価格で電力を取引する「前日取引市場」（スポットマーケット）、給電司令所が当日の電力需給を見ながら需給を一致させるために、最後の需給調節をする「リアルタイム市場」の3つで行われる。発電所を持っていない需要家も、相対取引で購入した電力のうち節電した部分を取引市場で売ることができたり、当日になってみると、気温が高くなって冷房のために需要家が約束したより多く買ったり、発電所の故障で供給能力が落ち、前日に約束した分が供給できないとすれば、その不足分もリアルタイム価格で購入する。一方で、給電司令所は時々刻々に必要となる追加的な発電や発電抑制のために多くの発電会社と契約をしておき、この価格ならばこれだけ急な要請で発電してもらえるという入札の表を持っておく。需給ギャップに応じて発電を要請し、そのときの価格に応じて最終需要家と発電会社とに対して精算を行う。このようなシステムであれば、停電の可能性を減らせる仕組みが働かせやすいという。第1は、電力需給の逼迫時における需要抑制機能である。需給の逼迫時には前日取引市場やリアルタイム市場での価格が高くなるので節電志向が高まる。その際、需要家は購入予定の電力を節約すると、節約分を高値で市場に売ることができる。そのため、電力需給の逼迫時には全大口需要家が需要を抑制しようとすることになる。第2は、停電に対する送電会社へのペナルティ制度の導入である。送電線は、全部料金規制だから値段を事前に決めておくことになる。その場合、送電会社は送電線にかかるコストを最小限に抑えようとする。このため送電線の新設が抑制され、停電の可能性が高まることが考えられる。ノルウェーやスウェーデンでは、停電を起こした送電会社に罰金を課すことになっている。罰金の額は政府が決めることになっている。送電会社は、停電を起こさないように最適な送電線の規模を考えることになる。ノルウェーやスウェーデンでは、送電会社は自由化直後は送電線の建設を控えたが、最近では盛んに送電線を建設しているとのことである。

電力自由化と発電と送配電の分離に関して、日本は世界における後進国であるから、世界における成功例と失敗例に学び、対策を練れると考えられる。また、電力自由化と発電と送配電の分離の必要性は、通信事業分野の経験に照らしても明らかである。NTTの電話網の開放、電波の一部開放によって携帯電話の飛躍的な発展と経済のネットワーク化と新たな情報市場を生んだ。

朝日新聞は、2012年2月17日の社説において、東電処理と電力改革について述べている。その中で、電力自由化と発送配電の分離を提言している。送電網は広域になるほど効率的に運用できるので、具体的には、東電の送電子会社を軸に、50ヘルツ帯の東北電力、北海道電力と一体運用するところから始めてはどうかと提案している。東北、北海道は風力発電の適地でもあり、再生可能エネルギーの普及にもつながると述べている。

電力自由化と発電と送配電の分離が実現すれば、再生可能エネルギーや燃料電池による発電など分散型電源の開発を促進する効果も期待でき、脱原発のみならず、電力料金の引き下げ、エネルギー自給率の増加といった効果も期待できる。さらに、次節で述べるスマートグリッド化が加われば、それがさらに促進することが期待できる。

6　スマートグリッド化と省エネ社会の実現

スマートグリッド（smart grid）のスマートは「賢い」を意味し、グリッドは「送電網」を意味する。スマートグリッドは、ＩＴを活用して安定した送電と省エネの機能を持つ新しいサービスである。スマートグリッドは、発電設備から末端の電力機器までを情報通信技術のネットワークで結び合わせて、電力網内での需給バランスの最適化調整と事故や過負荷などへの対応力を高め、それらに要するコストを最小に抑えることを目的としている。需要側には電力の消費量をこまめに把握できるスマートメーターを設置して、賢い節電方法が可能になる。日本では、工場などの大口需要向けでは電力消費が30分ごとに計測できるが、電力需要の１／３を占める家庭用のほとんどが機械式で、１カ月分の積算しかできない。スマートメーターになれば、供給側、需要側それぞれで電力を管理することが可能になる。ピーク時の電力料金を高く設定すれば、家庭やビルでは電気代が安い時間帯にエアコンを動かすなど賢い節電方法が可能になる。そうなると、電力会社はピーク時の電力需要に合わせて設備投資をする必要が減少し、トータルで見ると供給側も需要側もメリットがある。

アメリカでは電力の自由化をしているが、中小規模の電力事業者が増えた弊害で送電システムが不安定となり、カルフォルニア、ニューヨークなどでの大停電を引き起こした。スマートグリッドは、送電システムの安定化を大きなコストをかけずに実現しようとする意図から生まれた。アメリカ、イギリス、スペインではスマートメーターの本格導入が決定しているし、イタリア、スウェーデンでは、２０１２年現在ほぼ設置が完了している。中国やインドなどでも同様の構想が推進されている。多くの国で、プラグインハイブリッドカーや電気自動車、家庭用太陽電池発電などの普及が見え始めたのが、官民挙げて次世代の送配電網の推進をしようとするきっかけになった。日本では、現行の電力網で電力供給が安定して運営されていることもあり、電力業界がスマートグリッドに比較的消極的で、家庭用のスマートメーターはまだ１００万台程度しか普及していない。２０１１年３月の東日本大震災後に東京電力管内において、計画停電が実施された。しかし、実施方法が不明確で、とりわけ医療機器が使えない事態が起きるなど命に関わる問題として、とても評判が悪かった。もし、スマートメーターが普及していれば計画停電が防げたのではないかという人も多い。日本でもスマートグリッドのためのいくつかのプロジェクトがあるが、まだ一般に普及しているとは言えない。

スマートグリッドの概念図を図６に示す。スマートグリッドは、送電会社が火力、水力、原子力などの大口発電会社、自家発電会社、発電設備を持つオフィスや家庭などからの電力の供給を受けて、需要側に電力を供給するとともに、需要と供給の間に過不足が起こらないように情報通信技術のネットワークを通して電力網内での需給バランスの最適化調整を行う。さらに、事故や過負荷などの対応力を高め、それらに要するコストを最小に抑えるよう管理する。需要側には、消費量をこまめに把握できるスマートメーターを設置して、スマート節電が行えるようにするとともに、電気、水道、ガスのメーターの一括管理ができるようにする。

図6の左側は全国規模での発電および送電で、主として大型火力、水力、原子力などの集中型電源による。図6の右側は地域規模での発電および送電で、小型火力、再生可能エネルギー、燃料電池発電などの分散型電源による。その場合、集中型電源に頼らず、その地域で発電可能な自家発電業者からの送電、工場やオフィスからの自家発電、家庭での太陽光発電や電気自動車からの送電、燃料電池発電、再生可能エネルギーなどの分散型発電によって必要な電力を賄おうとするものである。エネルギーの「地産地消」を目指す。

再生可能エネルギーへの対応のためにスマートグリッドが果たす役割も大きい。太陽光発電や風力発電のような、再生可能エネルギーから発電する電力は、その発電量

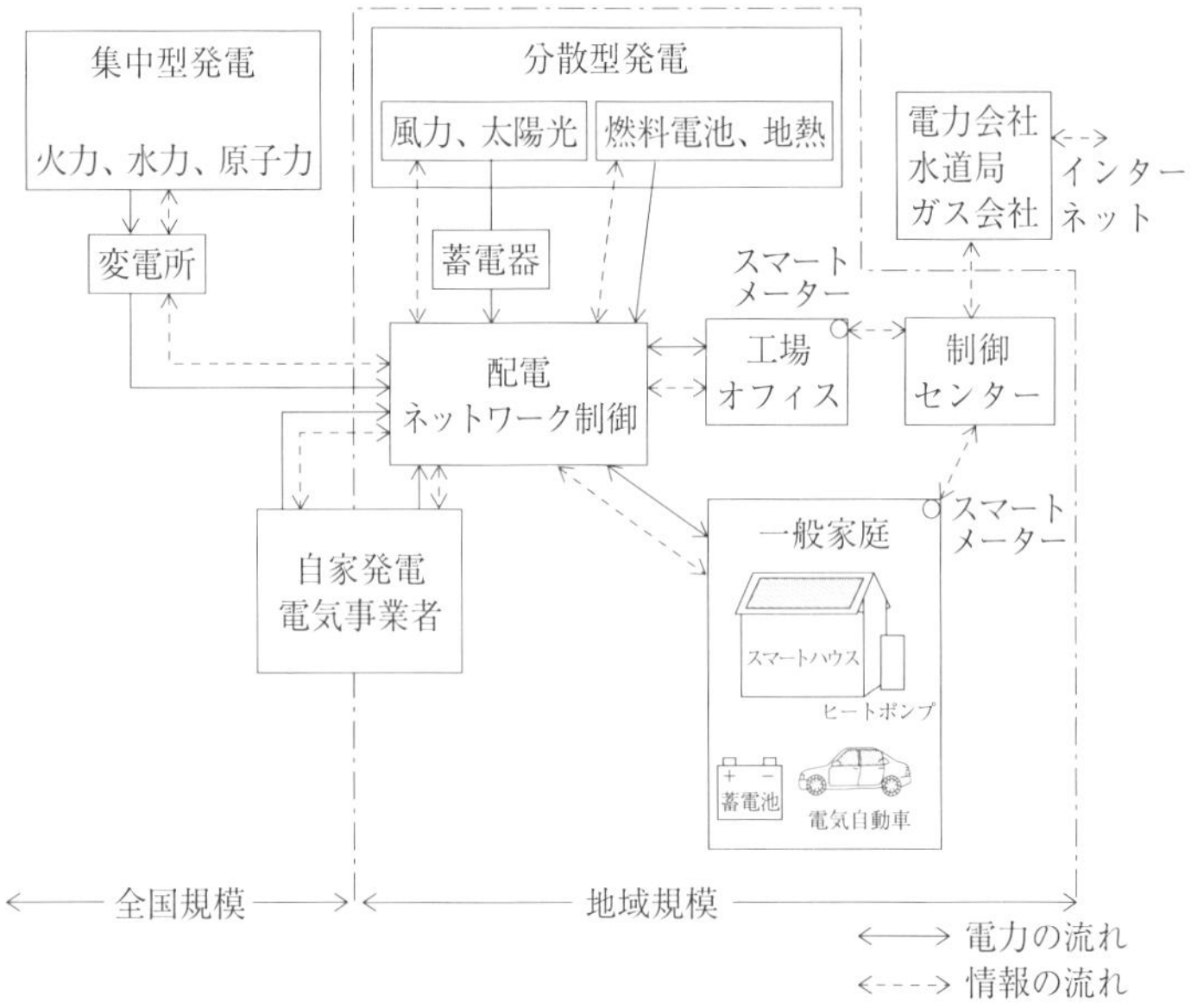

図6　スマートグリッドの概念図

が時々刻々と変化するという特性がある。再生可能エネルギーからの電力が増えてくると、その電力が配電系統に逆流してくるので、これをどのように制御するかが問題となる。その余剰電力を吸収するために、蓄電池を設置するのか、エコキュート（ヒートポンプ給湯器）を運転するのか、電気自動車に充電するのか、スマートメーターを通じて発電を休止するのか検討すべき課題は多い。そういう問題の解決方法の一つとして、できるだけ多くの再生可能エネルギー由来の発電システム同士を連接することで、総体としての発電電力量を平均化できれば、蓄電池容量を減らすと同時に蓄電池を集中できれば維持管理も容易になると考えられる。再生可能エネルギー由来の発電システムは地理的に分散して存在するために、多数を連接するには専用の送電網を作るよりもすでにある電力の送電網を利用する方がよい。しかし、周波数や電圧といった電力品質を電力系統内の隅々まで維持し続けるためには、需要家側と発電側、そして電力系統を管理する側が相互に協調する必要がある。スマートグリッドではこの考え方をさらに進めて、蓄電池の設置位置に関係なくグリッド内ですべてを共通化すれば発電した電気の実質的な蓄電可能量を増やすことができる。太陽光発電所、風力発電所、配電網、家庭・事業所、充電のためにコンセントに接続された電気自動車などの蓄電池といったすべてを連携して用いるためには、どこの電池に充電可能な空きがあるのかや、どの電池から放電すべきかなどを細かく制御する必要があり、センサー・遠隔制御技術も必要となる。

スマートグリッドでは、一般住宅や事務所・工場といった需要家の電力消費をセンサーネットワーク技術と遠隔制御技術を活用して監視し負荷制御することによって、電力消費量の平準化と電圧・周波数の安定化を図る。例えば真夏の昼間に電力需要がピークとなれば、家庭のスマートメーターを経由した無線や有線による遠隔操作によってエアコンの設定温度を短時間だけ2度ほど上げるような対応をする。

さらに、家庭用太陽電池発電、家庭用燃料電池発電、エコキュート、プラグインハイブリッドカーや電気自動車用蓄電器を一体としたスマートハウス、地域単位での冷暖房や電力供給（六本木ヒルズの例など）を行うスマートコミュニティ、従来のガソリンスタンドをガソリン、軽油、灯油ばかりでなく燃料電池車用水素供給基地、電気自動車用充電基地、太陽電池発電基地や太陽電池用蓄電基地、地域の非常用電力供給基地としても機能するマルチエネルギーステーションの設置などが考えられている。

スマートハウスでは、情報通信技術を利用したセキュリティシステムや家電製品の使用を遠隔から制御するシステムが動き出している。例えば、帰宅する1時間くらい前にエアコンのスイッチを携帯端末から入れるなどが可能となる。また、冷蔵庫やトイレのウォシュレット、テレビなど家電製品の使用状況を遠隔からチェックして、お年寄りや障がい者の人たちがどのような暮らしをしているかを把握し、介護やケアに生かす方法についても検討されている。さらに、お年寄りの尿の成分を自動的にチェックして健康管理に生かすなどの方法が検討されている。

スマートグリッドを実現するには、電力の送電網・配電網とその周辺の将来技術の予想や電力需要の量的・質的予想、技術開発と規格統一といった多くの課題がある。電力網全体に新技術を盛り込んだデジタル式の通信および電力制御を行う装置を配置するだけでも、巨額投資が見込めるため、電力機器メーカーや設備工事業者、自動車メーカーやデジタル通信装置に関わる多くの関連業界が新市場と捉えて参入を計画している。こういう動きに対して、スマートグリッドは関連業界を利するだけで消費者にはメリットがないという意見もある。しかし、これは行政側が消エネ社会を実現するために、消費者にもメリットが出るような運営をするように誘導すればよいことだと思われる。

２０１０年、日本で産官学が結集して将来の省エネ社会を目指すスマートコミュニティ・アライアンスが発足した。そこでは、再生可能エネルギーの大量導入や需要制御の観点で次世代のエネルギーインフラとして関心が高まっているスマートグリッドおよびサービスまでを含めた社会システム（スマートコミュニティ）の構築を目指す。新エネルギー・産業技術総合開発機構（ＮＥＤＯ）が事務局になり、業界の垣根を越えて経済界全体としての活動を企画・推進し、国際展開に当たっての行政ニーズの集約、障害や問題の克服、公的資金の活用に係る情報の共有などを通じて、官民一体となってスマートコミュニティを推進するとしている。

２０１０年、経済産業省の支援を受けて、横浜でスマートシティプロジェクトが動き出した。そして、２０２０年度までに、温室効果ガス排出量を１９９０年度比25％の削減、２０５０年度までに温室効果ガス排出量を１９９０年度比80％の削減を図るとしている。この目標を達成するために、エネルギー、建物、運輸・交通の３分野を対象にして、低炭素社会関連技術を活用した社会システムの構築を図るとしている。そこでの活動は、①二酸化炭素を排出しない再生可能エネルギーを２０２５年度に1990年度比10倍（約17兆kJ）導入すること、②家庭内、ビル内で再生可能エネルギーも含めて最適なエネルギー制御を行い、エネルギー利用効率化により二酸化炭素を削減すること、③地域内で蓄電・蓄熱機能を持つことで既存系統への影響を軽減し、都市廃熱・大気熱などの未利用エネルギーの活用や再生可能エネルギー起源の熱融通まで含めた地域エネルギーマネジメントによる省エネを推進すること、さらに、複数の地域エネルギーマネジメントシステムを連携制御・管理する仕組みの検討、④二酸化炭素を排出しない次世代自動車（主に電気自動車）の普及促進と、公共交通の利用促進などの交通システムのエネルギー利用効率化により運輸部門の二酸化炭素排出量を削減すること、⑤新たな技術やインフラの定着とその効果的な活用のために、市民が自ら考え自発的に動く市民の運動によって低炭素社会を加速するとしている。

スウェーデンのストックホルムでは、旧市街地の交通緩和を図るために導入した乗り入れ税の制度がある。旧市街地に入るためには、必ず橋を渡らねばならず、それらの橋に車のナンバーを読み取る自動課金装置を取り付け乗り入れ税を取っている。この結果、渋滞は20％緩和され、二酸化炭素排出量は14％削減されたという。乗り入れ税は、公共交通、障がい者の車、ハイブリッド車などのエコカーは免除されている。税額は時間帯によって変動する料金体系をとっているが、最大でも日本円にして100円程度である。なぜ人びとが市街地に車を乗り入れるのを控えるようになったのか。その理由は、課金という形で背中を少しだけ押してあげると、人びとの環境意識が刺激され、省エネを実践しやすくなったものと考えられる。

グリーンＩＴというものが注目されている。エネルギー消費に占めるＩＴに関連した消費が増えていることが背景にあり、省エネのＩＴ版というものである。パソコンを使いインターネットを使うごとに、サーバーの負担が重くなっている。こうした中、クラウドという概念が一つのキーワードになる。これは、データやアプリケーションを自分のパソコンや事業所のクライアントサーバーではなく、外部のコンピュータ、例えばデータセンターなどに置きつつ、自分のパソコンがデータもアプリケーションも持っているかのように使う技術である。

一つは、クライアントサーバーがなくなるだけで、オフィスの空調負荷が軽減される。その分データセンターの負荷が大きくなるように思われるが、実はそうではない。データセンターを気温の低い地区に置くだけで、空調負荷が軽くなるし、データセンターに必要な電力を太陽光発電や風力発電で供給できれば二酸化炭素の削減に繋がる。さらに、太陽光発電や風力発電の電力の変動を、データセンターの空調の出力の変動で補うことができれば、効果的な再生可能エネルギーの利用ができることになる。

広島市教育委員会では、２０１２年4月より、市内の小中学校の児童や生徒らの学習状態を記録する指導要領などをデータセンターで一括管理している。これはＮＥＣのサービスを利用するもので、各学校ごとに管理するよりコストが抑えられ、データが分析しやすくなるという。広島市教委は、各学校にあった計２０６台のサーバーを廃止し、市内にあるデータセンターに集約する。データの管理コストは１／10に減るという。ＮＥＣの管理するデータは児童・生徒の成績の他、出欠や授業の進捗状態などである。従来は各学校がバラバラに管理し、データも種類ごとに入力方法が異なっていたが、新サービスを使えば同じ児童・生徒のデータが一覧できるようになり、入力も簡単になる。データを学校外のデータセンターに預けることになるため、情報流出の安全策も講じている。教師は専用の機器と認証コードがなければデータに接することができない。NECはこのサービスを全国の都市部の学校に広げたい考えである。もう一つは、クラウド化はSOHO（Small Office Home Office）を実現しやすい環境を作り出す。情報管理、特に顧客情報の管理の観点から、パソコンの持ち出しを禁止している企業もある。しかし、現実には商談や自宅での作業にパソコンが必要だし、出張に持って行く場合もある。今はアプリケーションの多くがSaaS（必要な機能を必要な分だけサービスとして利用できるようにしたアプリケーションソフトウェア）になっていて、データも外部に置くとしたら、事業所だけでパソコンを使う意味がなくなる。それで自宅などで仕事を行う範囲が急速に広がっていくと考えられる。SOHOで仕事をした方が、通勤時間が節約されて効率的になる。例えば、仕事のほとんどを自宅で行い、会議も可能な限りスカイプ（インターネットによる無料通話サービス）などの仕組みを利用するとしたら、事業所に通う必要がほとんどなくなる。好きな場所に住むことができるとしたら、農山漁村などに住む人も出てくると考えられる。そうなると、通勤のための交通機関のエネルギーが節約され、地産地消の再生可能エネルギーなどの分散型エネルギーを利用すれば、エネルギーの有効利用ができるだけでなく、地域活性化にも繋がると考えられる。事業所で顔を合わせる機会が少なくなると、会社での人間関係が疎遠になるかもしれない。しかし、会社を中心とした社縁社会に生きるのではなく、地域を中心とした地縁社会に生きるのも悪くないと考えられる。人と人とのコミュニケーションは、顔を合わせる関係だけでなくインターネットや携帯電話など他のメディアを通しても可能である。人と人との繋がりには、顔を合わせる関係が必要不可欠であるが、それを実現することが困難な状況の場合に、他のコミュニケーションの手段を選ぶ時代になってきていると言えよう。さらに、私たちがどういう人間関係を持つ社会を選ぶのかが可能になる時代が来るとも言えるのではないかと思う。

参考文献

『原発安全革命』古川和男著　文春新書（２０１１）
『なぜドイツは脱原発、世界は増原発なのか。迷走する日本の原発の謎』クライン孝子著　海竜社（２０１１）
『原発を終わらせる』石橋克彦編　岩波新書（２０１１）
『きちんと知りたい原発のしくみと放射能』Ｎｅｗｔｏｎ別冊（２０１１）
『福島原発事故を乗り越えて』松井賢一著　エネルギーフォーラム新書（２０１１）
『原発社会からの離脱』宮台真司、飯田哲也著　講談社現代新書（２０１１）
『原発に頼らなくても日本は成長できる』円居総一著　ダイヤモンド社（２０１１）
『福島原発事故　どうする日本の原発政策』安斎育郎著　かもがわ出版（２０１１）
『原発大崩壊　第２のフクシマは日本中にある』武田邦彦著　ベスト新書（２０１１）
『破局の後を生きる』世界別冊№８２６東日本大震災・原発災害特集（２０１１）
『脱原子力社会へ　電力をグリーン化する』長谷川公一著　岩波新書（２０１１）
『原発のウソ』小出裕章著　扶桑社新書（２０１１）
『原発のない世界へ』小出裕章著　筑摩書房（２０１１）
『クリーン&グリーンエネルギー革命』東京大学サステイナビリティ学連携研究機構編著　ダイヤモンド社（２０１１）
『原子力村の大罪』小出裕章、西尾幹二、佐藤栄佐久、桜井勝延、恩田勝亘、星亮一、玄侑宗久著　ｋｋベストセラーズ（２０１１）
『原発をつくった私が、原発に反対する理由』菊地洋一著　角川書店（２０１１）

『福島原発事故はなぜ起きたのか』井野博満編　藤原書店（2011）
『平和のエネルギー　トリウム原子力Ⅱ』亀井敬史著　雅粒社（2011）
『スマートグリッドがわかる』本橋恵一著　日経文庫（2011）
『グーグルのグリーン戦略』新井宏征　インプレスR&D（2010）
『新エネルギーがよくわかる本』株式会社レッカ社編著　PHP文庫（2011）
『躍進する風力発電』瀬川久志著　大学教育出版（2011）
『エネルギーのはなし―熱力学からスマートグリッドまで―』刑部真弘著　朝倉書店（2011）
『放射能汚染の現実を超えて』小出裕章著　河出書房新社（2011）
『原発危機の経済学』齊藤誠著　日本評論社（2011）
『原発破局を阻止せよ』広瀬隆著　朝日新聞出版（2011）
『原発のコスト―エネルギー転換への視点』大島堅一　岩波新書（2011）
『世界で広がる脱原発』別冊宝島編集部編　宝島社新書（2011）
『新エネルギーが世界を変える』広瀬隆著　NHK出版（2011）
『平和主義ではない「脱原発」』西尾幹二著　文藝春秋（2011）
『震災からの経済復興13の提言』東洋経済新報社出版局編集部編　東洋経済新報社（2011）
『国策民営の罠』竹森俊平著　日本経済新聞出版社（2011）
『日本大災害の教訓』竹中平蔵、船橋洋一編著　東洋経済新報社（2011）
『脱原発異論』市田良彦、王寺賢太、小泉義之、絓秀実、長原豊著　作品社（2011）
『原発大震災の超ヤバイ話』安倍芳裕　（株）ヒカルランド（2011）
『「原子力ムラ」を超えて』飯田哲也、佐藤栄佐久、河野太郎著　NHK出版（2011）

『プルトニウム発電の恐怖２』小林圭二、西尾漠編著　創史社（２０１１）
『原発事故、放射能、ケンカ対談』副島隆彦、武田邦彦著　幻冬舎（２０１１）
『原子炉解体』石川迪夫編著　講談社（２０１１）
『小出裕章が答える原発と放射能』小出裕章著　河出書房新社（２０１１）
『原発の闇を暴く』広瀬隆　明石昇二郎著　集英社新書（２０１１）
『原発「危険神話」の崩壊』池田信夫著　ＰＨＰ新書（２０１２）
『原発にしがみつく人びとの群れ』小松公生著　新日本出版社（２０１２）
『原子力災害に学ぶ放射線の健康影響とその対策』長瀧重信著　丸善出版（２０１２）
『メルトダウン』大鹿靖明著　講談社（２０１２）
『福島第一原発―真相と展望』アーニー・ガンダーセン著　集英社新書（２０１２）
『「反原発」の不都合な真実』藤沢数希著　新潮新書（２０１２）
『地震列島と原発』Ｎｅｗｔｏｎ別冊（２０１２）
『フクシマから学ぶ原発・放射能』安斎育郎監修　「ふしぎ」を科学しよう　別巻（２０１２）
『中国原発大国への道』郭四志著　岩波書店（２０１２）
『日本人は原発とどうつきあうべきか』田原総一朗著　ＰＨＰ研究所（２０１２）
『国を滅ぼす反原発ヒステリー』一本松幹雄著　エネルギーフォーラム新書（２０１２）
『脱原発のウソと犯罪』中川八洋著　日進報道（２０１２）
『反原発の思想史』絓秀実著　筑摩選書（２０１２）
『低線量被曝の倫理』一ノ瀬正樹、伊東乾、児玉龍彦、景浦峡、島薗進、中川恵一著　河出書房新社（２０１２）
『日本は再生可能エネルギー大国になりうるか』北澤宏一著　ディスカヴァー・トゥエンティワン（２０１２）

■著者紹介

稲場　秀明（いなば　ひであき）

1942年　富山県生まれ
1965年　横浜国立大学応用化学科卒業
1967年　東京大学工学系大学院工業化学専門課程修士修了後
ブリヂストンタイヤ（株）入社
1970年　名古屋大学工学部原子核工学科助手、助教授を経て
1986年　川崎製鉄（株）技術研究所主任研究員
1997年　千葉大学教育学部教授
2007年　千葉大学教育学部定年退職（工学博士）

主な著書
『氷はなぜ水に浮かぶのか ― 科学の眼で見る日常の疑問』（丸善　1998年）
『携帯電話でなぜ話せるのか ― 科学の眼で見る日常の疑問』（丸善　1999年）
『大学は出会いの場 ― インターネットによる教授のメッセージと学生の反響』（大学教育出版　2003年）

反原発か、増原発か、脱原発か
― 日本のエネルギー問題の解決に向けて ―

2013年2月10日　初版第1刷発行

■著　　者――稲場秀明
■発 行 者――佐藤　守
■発 行 所――株式会社大学教育出版
〒700-0953　岡山市南区西市855-4
電話(086)244-1268㈹　FAX(086)246-0294
■印刷製本――サンコー印刷㈱

ISBN978-4-86429-182-8